学习力

人生进阶课

博锋——著

天地出版社 | TIANDI PRESS

图书在版编目（CIP）数据

学习力：人生进阶课／博锋著.—成都: 天地出版社,
2020.5
ISBN 978-7-5455-5380-2

Ⅰ.①学… Ⅱ.①博… Ⅲ.①人生哲学—通俗读物
Ⅳ.①B821-49

中国版本图书馆CIP数据核字（2019）第283394号

XUEXI LI: RENSHENG JINJIE KE

学习力：人生进阶课

出 品 人	杨　政	
作　　者	博　锋	
责任编辑	孟令爽	
装帧设计	思想工社	
责任印制	葛红梅	

出版发行　天地出版社
　　　　　（成都市槐树街2号 邮政编码：610014）
　　　　　（北京市方庄芳群园3区3号 邮政编码：100078）
网　　址　http://www.tiandiph.com
电子邮箱　tianditg@163.com
经　　销　新华文轩出版传媒股份有限公司

印　　刷　北京文昌阁彩色印刷有限责任公司
版　　次　2020年5月第1版
印　　次　2020年5月第1次印刷
开　　本　880mm×1230mm 1/32
印　　张　8
字　　数　172千字
定　　价　42.00元
书　　号　ISBN 978-7-5455-5380-2

活到老，学到老

学习对一个人而言是十分重要的，哪怕你有丰富的经验、渊博的学识，也必须不断地学习。只有更新自己的知识和对世界的认知，才不会被不断向前推进的社会所抛弃，实现人生的进阶。

从本质上来说，学习力是一种竞争力，也是我们立足于世、建功立业的最大倚仗。尤其是在这个充满竞争的时代，唯有提升自己的学习力，不断学习，我们才能在激烈的竞争中站稳脚跟，为自己拼得一席之地。

人才其实是一个动态的概念，它不是特指某一个人，也不是一个人一成不变的样子。比如今天你拥有强大的竞争力，能够与时俱进，站在时代的最前端，那你就是人才。但如果明天，你的知识和能力都没有更新，甚至已经开始与这个时代脱节，你自然就不再是人才，反而会成为时代发展的"包袱"和拖累。

因为人才是一个动态概念，所以它需要不断晋级、

1

不断发展，只有那些时刻站在巅峰并且不断向前的人，才称得上真正意义的人才。故而人才的竞争，本质上是学习力的竞争。

在人类社会漫长的进化历程中，自文字诞生以来，文明的演变与传承也有了相应的记载。在这些记载中，我们看到，每一个时代的发展，都为后世留下了丰富的自然科学与社会科学等方面的理论和经验成果。而后继者们为了更好地改进生活，又会在学习的过程中不断探索和创新。人类的科技与文明就是这样在一代代的学习与创造中传承并发展的。

可见，保持学习力不仅与个人的职场业务能力有关，更是促进社会发展、国家民族进步不可或缺的一项个人能力。

本书从多个角度阐述了有关学习力的提升方法，希望能够帮助读者更好地培养学习力，在提升自己社会竞争力的同时，也能扛起文明传承和发展的重担！

目录
C O N T E N T S

第 3 课　**日精进**

那些一毕业就解脱的人，最后很难有所成就

第 4 课　**惜时间**

我们如何理解时间，直接影响我们的未来

第5课　反常态

当思维被颠覆，我们才能找到更多的出路

第6课　忌穷忙

合理规划人生，对穷忙说No！

第1课

反懒惰

人生进阶的最大障碍，是我们的"懒癌"

什么是人生发展过程中最大的障碍？是苦难？是不幸？都不是。想要让自己的人生变得更好，最大的障碍其实是懒惰。人生有无数种可能，只要去做，就有可能成功，而一旦被懒惰支配，那就什么都做不成了。

天赋一旦被懒惰支配，
它就一无可为

　　偶然在电视上看到一个采访，被采访者是一位在音乐方面颇有成就的大提琴手。这位大提琴手在4岁的时候就被人们称为"音乐神童"，成年之后依然是一路风光，很多人都认为他简直是上天的宠儿。

　　在采访中，记者问这位大提琴手："你认为在自己所取得的成就中，天赋占了多少比例？"

　　他这样回答："事实上，我从不认为自己是所谓的神童或天才。若说我确实拥有天赋的话，那么它带给我的帮助大约不到20%吧！而且，在这20%中，15%以上恐怕都要归功于从小就一直逼迫我练琴、不准我出去玩的妈妈。"

　　这则采访让我想起英国著名心理学家迈克尔·豪做过的一个关于"天才"的研究。他通过多年的实践调查得出了这样一个结论：一般人总认为天才是自然发生、流畅不受阻的闪亮之星，但事实上，天才也必须耗费至少10年的光阴来学习他们的独特技能，绝无例外。比如，你想成为一名不错的业余钢琴师，那么你至少需要经过3000小时的训练；如果你想具备专业水准，那么训练时间绝不可能少于1万小时。国际象棋、外语及各种运动都是如此，要想达到专业水准，你所需要投入的时间都差不多。

可以这么说，在这个世界上，没有一件事情的成功是不需要付出努力的。哪怕你再聪明、拥有再高的天赋，若是不肯付出努力与汗水，最终也只能泯然于众人。

对于人类来说，最可怕的敌人就是懒惰。懒惰会埋没人的才华、扼杀人的潜能，让一切希望化为乌有。一旦掉入懒惰的旋涡，被惰性所支配，那么你所具备的智商与天赋，都只会在时间的流逝中腐朽。要知道，凡是能在某个领域做出一定成绩，能被人们称为"天才"的人，没有一个是与懒惰为伍的。因为天赋一旦被懒惰所支配，那么一个人也就一无可为了。

亚历山大在征服波斯人时，目睹了这个民族的生活方式——追求享乐、厌恶劳动——之后，感叹道："没有比懒惰和贪图享受更容易让一个民族奴颜婢膝的东西了，也没有比辛勤劳动的人们更加高尚的了。"

人的潜能就像一股清泉，而懒惰如同堵塞泉眼的石头。很多时候，我们之所以活得平庸，不是因为我们比别人蠢笨，或运气比别人差，仅仅因为懒惰罢了。这种懒惰有时是身体上的倦怠，有时则是心理上的退缩与放弃。明明想要某样东西，明明渴望做成某件事情，却又总是找出无数的借口来为自己辩解，不断说着"太难了，我做不到""我已经尝试过了，可是没有成功""我不是这块料，没有这种天赋""没办法，我实在是抽不出时间""这都是生活所迫，我别无选择"……

比尔·盖茨曾说过："你总是喜欢用各种漂亮的借口来为自己辩解，但在我看来，最根本的一条只是你不肯努力、不肯下功夫罢了。你的理论就是，每一个人都会把他能干的事情干好，如果有哪一个人没有干好自己该干的事情，那么就表明他不能胜任这件事。你没有写文章，表明你不能够写，而不是不愿意写。你没有这方面的爱好，证明你没有这方面的才干，这就是你的理论体系——一个多么"完整"的理论体系啊！如果这个理论体系被大众普遍接受的话，那将产生多么大的副作用啊！"

生命所具备的能量总是远远超过我们的预期，世界上存在的奇迹，不就印证了这一点吗？大黄蜂，大家都见过，它有着笨重的身躯和短小的翅膀，从生物学的理论上来说，它这样的身型比例是不可能飞起来的，因为几乎所有会飞的动物都有一个共同点：体态轻盈、翅膀宽大。无论找哪一个物理学家来分析，恐怕他都会告诉你：大黄蜂的身型比例完全不符合流体力学原理，是飞不起来的！

然而事实上呢？大黄蜂不仅能飞，而且飞得一点儿也不差。

在"物竞天择，适者生存"的自然条件下，为了得到食物，为了存活下去，大黄蜂打破了所有的"理论""定律"，用短小的翅膀带着笨重的身躯飞上了天空。想象一下，当地球上第一只大黄蜂为了生存而不断挥舞翅膀，每天勤奋地练习，一次次失败，一次次重来，直至将飞翔刻在基因的传承之中，那是怎样的一种坚持与奇迹啊！

生命从无定势，没有人天生注定平庸。你之所以陷入平庸的泥淖，头顶失败的刻印，只是因为你总与懒惰同行，只会在拖延与抱怨中浪费光阴、挥霍生命。老祖宗早已告诫过我们："业精于勤，荒于嬉；行成于思，毁于随。"任何一种成功都不是轻轻松松、随随便便就能取得的。即使你是天才，即使你比别人更有天赋，若是不能克服懒惰，那么你的生命也只会在日复一日的拖延和懒惰之中逐渐耗空。

和我一样的笨小孩，
请相信你仍有未来

爱迪生说："天才就是1%的灵感加上99%的汗水，但那1%的灵感却是最重要的，甚至比那99%的汗水都要重要。"

在很长一段时间里，这句话在网络上非常流行，成了人们调侃和打趣的"黑鸡汤"金句之一。不可否认，在很多事情上，天赋确实能起到决定性的作用，比如在绘画、音乐、文学甚至科学等方面。很多时候，哪怕你穷尽一生，付出一切努力，但只要缺乏那1%的灵感，便可能永远无法爬到巅峰，缔造辉煌。

然而，在这个世界上，天才本来就是极为稀少的存在。即使无法爬到巅峰，即使成不了某个领域数一数二的人物，即使不是天才，我们也同样可以在自己的能力范围之内最大限度地实现自己的价值，取得人生的成功。

我的朋友佩妮在某电台做主持人，如果你开车有听收音机的习惯，那么你可能也听到过她的声音。

很多人都不知道，佩妮小的时候其实是个结巴，说话对于她来说非常困难。那时候，她连一句完整的话都说不了。

她因为说话结巴而被人嘲笑，于是变得在人前越来越不愿开口说话，而越不开口，结巴问题就越是严重。这个死循环一度让佩妮感到痛苦不已。

后来，为了克服这个与生俱来的缺陷，佩妮便常常将石子含在嘴巴里，跑到没人的地方，一个人偷偷练习说话。为了吐字清晰，把话说流畅，她每天都在不停地练习，有时在没有人的后山，有时在家里的地下室。她用手机将自己说话的声音录下来，一遍又一遍地练习、纠正。就是在这种顽强的坚持与努力之下，佩妮终于克服了自己说话结巴的毛病，并由衷地对"说话"这件事产生了极大的兴趣，甚至将"说话"这个曾经的缺陷变成了谋生的技能。

在别人看来，佩妮或许并没有多了不起，她不是什么举世闻名的演讲大师，也没有成为什么受人欢迎的大明星，她只是一个地方电台的播音主持人。但对于佩妮而言，她确实完成了一个了不起的创举，她靠着自己的勤奋和努力克服了与生俱来的缺陷，并为自己赢得了一份喜爱的工作。她不是天才，但她确实成功地实现了自己的人生价值，在自己的能力范围内，为自己赢得了想要的一切。

人们常常说，成功这件事，三分天注定，七分靠打拼，生活不会亏待任何一位勤劳者的付出。所谓天道酬勤，绝对是亘古不变的真理。你付出了，努力了，未必一定能爬到顶端，站上巅峰，但绝对可以在人生的道路上前进一大步。付出都是会有回报的，再愚笨的人，也终将能用坚持与勤奋为自己打下一片天地。

如果说智慧是人生路上的助推器，那么勤奋便是让我们前进的发动机。没有发动机推动我们前行，助推器再强劲也发挥不了它的作用；但即使没有助推器，只要发动机一刻不停地运转，我们便能始终走在前进的道路上。

所以，亲爱的笨小孩啊，哪怕你没有超高的智商，也不必因此而感到难过，要相信，勤奋与努力终会为你拼出一个未来！人生的价值不在于你能取得多大的成就，而是在于你能将自己的力量发挥多少。勤奋不止，奋斗不息，脚步再沉重，只要一步一步稳稳地走，总能走出一条属于自己的成功之路。

著名的数学家华罗庚，小时候读书成绩并不好，甚至连毕业证书都没拿到。然而，他在认识到自己天资不足之后，不仅没有自暴自弃、放任自流，反而铆足了劲儿加倍努力学习，最终靠着勤奋与努力攀上了数学的高峰。

享誉中外的京剧大师梅兰芳，在初学京剧之时，并未展露出过人的天赋，甚至因为近视而被一位老艺人拒收为徒，说他长了一双"死鱼眼"。然而梅兰芳并未因此放弃，而是每天坚持练习眼神的变化。长期的锻炼让他的眼睛转动自如，顾盼生辉，如流星、似闪电，成就了京剧史上一段辉煌。

正如捷克的大教育家夸美纽斯所说："勤奋可以克服一切障碍。"缺乏天赋或许会让你的路走得比别人艰难一些，但勤奋努力却一定能让你有所作为。人生不是竞赛，不是只有获得第一名才能叫胜利，只要能实现自己的价值，不在平庸中荒废时光，那么人生便是圆满的，值得一句无悔。

伟大的科学家爱因斯坦曾说过："天才与勤奋之间，我毫不迟疑地选择勤奋，它几乎是世界上一切成就的催产婆。"美国哈佛大学的一位心理学家也曾指出，一个人在一生之中是否能够获得成功，决定性的因素并不在于智商的高低。事实上，在现实生活中，许多事实都已经证明，那些能够获得重大成就的人，大部分的智商其实并没有比普通人高多少，他们的成功，最主要地还是靠后天的努力和勤奋。

所以，每一个人都应记住，勤奋是成功的阶梯，是人生中前进的动力。即使天生愚钝，只要能够全心全意地投入事业之中，克服惰性，努力拼搏，同样能够拥有属于自己的未来，创造属于自己的成功。

那一年从学渣到学霸，全靠学习计划

学渣与学霸之间，距离究竟有多远？大概很多所谓的学渣都问过这个问题。而我的小侄子用自己的实际行动告诉我，学渣与学霸之间，其实只差了一个适合自己的学习计划。

小侄子聪明伶俐，却非常贪玩，从小就不爱读书，是个让人头疼的小学渣。小侄子上高中之后，为了激发他的学习热情，全家人恨不得把"三十六计"都轮番使一遍，又是"激将"又是"利诱"，只盼着他肯把心思多用几分到学习上，能勉强考上个大学。

他升入高三之后，大概也是年龄大了，比从前懂事不少。他彻底改掉了逃学翘课的毛病，周末在家也能静下心来做题看书，不像从前，没事就往游戏厅钻。

虽然小侄子浪子回头，全家人都感到很欣慰，但不得不说，他那垫底的成绩，也确实让人很难抱多大希望。但令人意外的是，小侄子的高考成绩让人刮目相看，虽说上不了什么清华大学、北京大学，但稳稳越过了一本分数线，堪称完成了从学渣到学霸的逆袭！

许多人都夸小侄子聪明，我也感慨万千地出言称赞了一番。小侄子却对此不予理会，只把一沓纸递到了众人面前。大伙一瞧，竟是一沓装订成册的“学习计划”，上面详尽地写满了他每一周的学习安排和学习目标，每一项安排后面都用红色的笔标注着“√”或“×”的符号。

小侄子告诉我们，打着“√”的，是已经顺利完成的任务；打着“×”的，则是没有按照计划完成的任务。此外，他还专门给自己制订了一系列的惩罚措施，只要任务完不成，便按照规定给予自己惩罚。

小侄子说，他并不清楚自己的头脑是不是真的比别人聪明，但可以肯定的是，他的“逆袭之路”，主要靠的正是这份详尽的“学习计划”和他强大的执行力。正是不断逼迫自己按照计划一步步向前走，他才能在短短的一年之内完成从学渣到学霸的逆袭。

小侄子的经历着实让我感触甚多，也让我领略了一个非常重要的“定理”：计划永远是实现目标的第一步。

成功靠的是勤奋、坚持和自律，这是人人都知道的道理。但人都是有惰性的，即使明白道理，也总会有松懈的时候——眼看外面阳光正好，暖洋洋的，让人昏昏欲睡，于是一走神，一整个下午的时间就没了；聚在一块儿聊天打牌，嘻嘻哈哈流连忘返，你一言我一语，好多事情就抛诸脑后，忘记去做了；原本打算看书学习，却被精彩的电视节目吸引，结果又一个周末浪费了⋯⋯

看，道理人人都清楚，可懒惰这个小坏蛋却无处不在，总是趁我们一不留神便冲出来，耍尽花招儿地将我们拖在原地，让我们失去了奋勇前进的机会。若是想要摆脱它，我们就必须为自己找一个"约束"，用这个"约束"来遏制惰性，杜绝拖延。这就是为什么我说"计划永远是实现目标的第一步"。

有人可能会怀疑，计划真的有那么重要吗？是的，我可以肯定地回答你，计划真的很重要。试想一下，当你决定在这个周末要好好看书学习，而不是娱乐玩耍的时候，有计划和没计划会有怎样的不同呢？

若没有具体的计划，那么在起床的时候，你或许会想：再睡5分钟吧，就5分钟！于是，一个个5分钟就这么过去了，等到你起床的时候，时间可能已经被磨蹭掉了一个多小时。接着，你开始吃早餐，可能顺便打开手机看看新闻。然后某条新闻引起了你的兴趣，你将它发到微博或者朋友圈，并获得了几条评论，针对这几条评论，你选择性地进行了回复，进而展开一场唇枪舌剑的讨论。接下来，你还会遭遇各种各样的"诱惑"——有趣的电视节目、朋友的邀约、睡一个香甜的午觉⋯⋯直到这一天终于要结束的时候，躺在床上准备进入梦乡的你可能突然意识到：天哪！我今天都没来得及翻几页书啊！不行，明天我一定得努力！

然而，我们其实都知道，明天依旧不会有什么不同，我们依然会在不断地自我安慰和自我妥协中浪费时间。

那么，为自己制订一个具体的计划究竟能帮助我们改变什么呢？

起床的时候，计划会告诉我们，你得在8点之前起床，没有可以温存的5分钟。吃早餐的时候，或许我们依旧会打开手机看新闻，会对某条资讯产生兴趣，可是计划也会毫不留情地提醒我们：嘿！9点了，你必须打开书本，在午饭前把这几条定律背熟！这时候，我们自然免不了产生一些挣扎，但强大的执行力时时都在提醒我们遵循计划的重要性，于是我们只能放下手机，按照计划，在规定的时间内展开相应的学习与工作。

现在明白计划的重要性了吧！有了计划，我们才能确切地知道下一步要做什么，不会轻易迷失在前行的道路上，也不会轻易被懒惰所迷惑，在侥幸心理的支配下，一次次偏离通往目的地的航线。

所以请牢记，当你想要达到某个目标的时候，不妨先给自己制订一个切实可行的具体计划，然后再按照计划一步步地严格执行，直至实现最终的目标。

如何培养专念，
让我们的努力有效变现

懒惰通常包含两个方面的内容，一是行为上的懒惰，二是思维上的懒惰。行为上的懒惰常常会让人错失良机，陷入被动；而思维上的懒惰则会让人故步自封，寸步难进。所以，要想成功，我们不仅要克服行为上的懒惰，更要克服思维上的懒惰。

哈佛大学著名的心理学家兰格博士是积极心理学的奠基人之一，他在自己的成名作《专念：积极心理学的力量》一书中所提到的"专念"，实际上就是教导我们如何克服思维上的懒惰的一种有效思维方式。这种思维方式启发了整个世界，改变了无数人思考与感觉的模式，既理性又充满了远见。

那么，何为"专念"呢？要了解"专念"，得从"潜念"说起。

潜念包括了我们的潜意识、习惯以及不成熟的认知承诺等。简单来说，潜念其实就是一种长期形成的、缺乏创新的思维局限或习惯的行为模式。

举个例子：

有一次，我到一家超市购物，结账的时候，我使用的是一张新开的信用卡，上面还没有我的签名。收银员看到之后，便将信用卡递还给我，示意我先把签名补上，然后才继续在POS机上刷卡结账。打出单据之后，收银员按照流程，让我签字。签完字后，收银员收回单据，然后认真对比了一下信用卡上的签名和单据上的签名是否一致。

单从收银员刷卡收银的流程来说，似乎并没有什么问题，他一直都是按照规矩做事的。但事实上，对比签名的行为显然没有任何意义，因为信用卡上的签名是我刚刚签上去的。换言之，收银员之所以做出对比签名是否一致的行为，完全只是一种习惯性的动作，没有经过任何思考。在做这个动作之前，他根本没有考虑过这件事究竟有什么意义。

这其实就是潜念所造成的影响，因为已经习惯了某种固定的行为，或习惯了某种固定的思维方式，所以一旦触发某种条件，我们就会反射性地做出一些动作或得出一些结论。说到底，这种受潜念所支配的行为或思维方式，其实就是一种行为或思维上的懒惰。

在生活中，当我们形成了某种固定的模式，并一直按照这种既定的模式去运行时，固然会觉得比较轻松。但与此同时，我们也相当于为自己套上了枷锁，把自己局限在了囚笼之中，长此以往，必然会造成思维僵化，不能接受新事物，最终被社会所淘汰。而我们自己，也会在乏味中逐渐衍生出消极厌世的情绪。

专念是一种与潜念截然不同的思维方式，或者说专念其实就是潜念的反面。专念最大的特点就是：注重创新，从多角度看问题，能够接受新信息，并关注细节、关注过程。

具有专念意识的人往往更容易成功，因为他们更懂得用心倾听和观察，能够在细微的变化中透过现象看到本质，从而让自己的行为变得更加有效。更重要的是，专念意识可以帮助我们打破思维的局限，让我们摆脱懒惰，以更加积极向上、理性乐观的方式去工作或生活。

曾经看到过一则新闻：

一家马戏团意外失火，虽然没有人员伤亡，但马戏团里最值钱的那头大象却被烧死了。马戏团老板对此感到十分不解：拴住大象的只有一条细绳和一根小木桩而已，大象的力量这样强大，长鼻子一卷，哪怕是粗壮的大树也能被它连根拔起，它怎么没能挣脱绳索逃出火海呢？

原来，在大象小时候，马戏团为了避免它逃跑，便用铁链将它拴在了一棵大树上。一开始，小象总想着要逃跑，但它越用力，腿就会被铁链勒得越疼，甚至会受伤、流血。经过无数次的尝试，受过无数次的伤之后，小象再也不敢逃跑了。即使到后来，它已经长大，拴着它的也不再是铁链，只是一条细细的绳子，但它再也没有尝试过逃跑。

真正拴住大象的，不是绳子，而是长久形成的潜念。在这种潜念的影响下，大象的思维已经僵化，已经懒得再去思考拴住自己的究竟是什么，也懒得再去尝试挣脱逃跑。于是，当灾难来临的时候，明明有能力逃脱的它却被大火烧死了。

人同样也会如此。很多时候，我们以为自己陷入了绝境，再无出路，但其实只是被潜念的绳索拴住，将自己的思维禁锢在某个框架之中罢了。我们自以为的失败与绝望，说到底不过是惰性思维的拖累而已，只要能够打破这种固定的思维模式，克服惰性带来的习惯性妥协，培养专念意识，我们就一定能够找到新的出路，让自己的努力与付出实现变现。

那么，如何培养专念意识呢？以下三点很重要：

1. 以细节而非结果为导向看问题

这是什么意思呢？我们先来举个例子。

你的隔壁住着一对夫妻，偶然几次你听到他们在争吵。一段时间后，这对夫妻开始闹离婚。这个时候，你很可能就会形成这样一种印象：他们的关系一直很差，经常吵架，离婚也是意料之中的事情。

但假如他们并没有闹离婚，而是一起度过了20周年结婚纪念日。那么，你可能就会形成另一种印象：这对夫妻虽然总是吵吵闹闹，但感情还真是好呢！

然而事实上呢？一对夫妻闹离婚是有很多种原因的，这并不意味着在闹离婚之前，他们的感情就很差。同样，一对夫妻哪怕绑在一起过了一辈子，也不意味着他们的感情就一定很好。至于偶然几次的争吵，那就更说明不了什么了。

而我们之所以会草率地形成这些印象，说到底就是一种以结局为导向的"脑补"。这种思维方式是非常懒惰的，很容易就会让我们忽略真相，形成错误的认知与观念。所以我们才说，看问题要懂得以细节为导向，而不是草率地以结果为导向去"脑补"。

2. 接受新信息

人之所以会形成惰性思维，最大的原因就是墨守成规，不肯接受新信息。然而世界总是瞬息万变的，只有不断接受新信息，更新自己的观念与认知，我们才不会陷入固有思维，才能发现事物的本质。

3. 多重视角思考问题

　　要培养专念意识，最重要的一点就是要习惯用多重视角去看待、思考问题。要知道，哪怕对于同一事物，人们的观点也是多种多样且差距巨大的。任何一件事情，不会只有一种解读。比如别人夸奖你，未必就意味着你真的很了不起，可能只是因为你做到了他做不到的事情。所以，只有从多重视角去看待、思考问题，我们才能全面地了解事情的真相，从而修正自己的行为，让自己的努力变得有价值。

远离"侥幸"，
永远别信情况会好转的"鬼话"

当遇到难以解决的问题，并为之焦躁不安时，我们常常会听到别人这样的宽慰："别着急，再等等看，一切都会好的。"在某些特定的情境下，我们确实需要这样的宽慰，来缓和内心紧绷的情绪。然而，若这种宽慰成为一种"习以为常"的心理状态，恐怕就要出问题了。

侥幸心理是滋生懒惰与拖延的温床。很多时候，我们之所以会有那么多逃避做事的借口，说到底，就是因为存在侥幸心理。我们总是无意识地安慰着自己："休息一下，没关系，事情一定会顺利的。"于是明日复明日，直至拖延的事情堆积如山，我们却毫无察觉。尤其在遇到困难和阻碍时，我们就更有"理由"为自己的懒惰和不果断开脱了。

在现实生活中，因为怀抱着"侥幸"的期待在诸多事情上不断拖延、充满惰性的人并不少见。他们总是在心底安慰着自己，相信情况会好转的"鬼话"，却从不曾真正付诸行动去争取自己想要的东西。可问题是，困境已在眼前，你什么都不去做，情况又怎么可能会有好转呢？

我的朋友罗先生是一位心理专家，经常有人向他咨询关于婚姻、家庭等方面的问题。罗先生的邻居老马也是咨询者之一。

老马已经50多岁了，结婚也已经快30年了。他几乎每时每刻都在抱怨自己的家庭生活有多么不幸，自己和妻子有多么水火不容，自己有多迫切地想要摆脱这段婚姻关系。然而事实上，除了不停地找人抱怨和倾诉自己的痛苦与不满，老马并没有做过任何有实质意义的事情来解决婚姻中存在的问题。

老马总说："这段婚姻从一开始就是错的，我几乎没有任何一刻感到过幸福或满足，这真是太可怕了。"

听到这样的话，罗先生觉得很奇怪，便问老马："你都已经结婚快30年了，如果早就觉得这是一个错误，那么为什么不结束这个错误，而是让它延续了这么长时间呢？"

老马回答说："我总想着，或许有一天情况会好起来。"

于是，就凭借着这一句心理安慰的话，老马将婚姻维持了近30年，或许还会一直维持下去。

更令人感到诧异的是，在进一步的交谈中，罗先生得知，或许是因为这段不幸的婚姻关系带来的压力，所以老马在10年前就患了阳痿。他居然一直都没有去看过医生，而是因此更加回避妻子，让这段摇摇欲坠的婚姻关系雪上加霜。老马之所以会这么做的理由同样是："看医生？那多丢人啊！而且我总觉得，自己的身体会好起来的。"

行为上的懒惰与拖延可能会为你的工作和生活增添不少麻烦，而心理上的懒惰与拖延，却可能耽误甚至葬送你的一生。假如老马从一开始就不曾抱有侥幸心理，而是在发现问题的第一时间就下定决心去解决，那么他的人生或许会是完全不同的样子。他或许会遇到真正情投意合的人，或许会拥有幸福美满的家庭。然而，这些"或许"与"可能"的希望却都在他的惰性的拖延下一点点磨灭了。

侥幸心理真的非常可怕。焦虑与紧张会催促着我们行动起来，去解决生活中遇到的困难与问题，而侥幸心理却会给我们铸造一个"保护罩"，赶走一直催促着我们的焦虑与紧张，让我们不知不觉就沉沦在"太平的假象"之中，总以为即使自己什么都不用去做，也一定会有情况好转的时候。

现实却告诉我们，逃避与拖延只会让事情雪上加霜。一个人如果摆脱不了惰性对自己的控制，失败便永远会如影随形地跟着自己。那些心存侥幸的人，只会在一次又一次的自我欺骗中错过成功翻盘的机会，最终将自己抛入失败的深渊。

要想彻底断绝惰性对我们的影响，远离"懒癌"的侵袭，我们就一定要抛弃侥幸心理。只有远离"侥幸"，在面对困难与挫折时，我们才能彻底放弃寻找逃避的借口，不将希望寄托在别处，而是靠自己的努力去改变、去翻盘。

一个人内心真正的强大，是在认清现实的残酷后，依旧能够勇敢地迎击风暴，而不是通过侥幸的自我欺骗在逃避中获得平静。世上从来就没有真正的绝境，哪怕前方没有路，我们也能靠自己的双腿走出一条全新的路。希望永远都存在，但它绝不会是天上掉下的"馅饼"。想要抓住希望，我们就得行动起来，去努力、去拼搏，争分夺秒地去奋斗。

所以，无论何时，都要告诉自己，不要轻易地相信那些情况会好转的"鬼话"。情况确实会好转，但前提是你先得行动起来，用自己的努力与付出去改变眼前的困境，而不是在侥幸心理的"庇护"下选择拖延与逃避。

根除惰性，提防"懒癌"，在学习中强大自己，在拼搏中不断进步，这样，情况才会真正好转！

第 2 课

找方向

做精细梦想规划，
开始我们的进阶生涯

如果说我们的目的地是成功，那么
梦想就是载着我们找到成功的船。
而在大海中航行，最重要的就是方
向。否则，不管你开的船多快，不
管你准备得多充分，终究是南辕北
辙，会距离目的地越来越远。

在生命起航之前，
请将梦想之帆高高挂起

"你的梦想是什么？"这是综艺节目《中国好声音》的导师之一汪峰最喜欢问选手的一个问题。

事实上，在我们成长的过程中，也同样有许许多多的人问过我们这个问题。父母长辈、老师同学、邻居朋友……不管是认真的谈心，还是随意的闲聊，"梦想"这个话题的热度从来不曾冷却过。

人生当从立志开始，这个"志"正是梦想。在人生的旅途中，梦想是指引方向的灯塔，是引导我们前行的星辰，能够帮助我们成长为有胸怀、有志向、有品位、有情怀的人。罗曼·罗兰就曾说："没有志向的青年，就像断线的风筝，只会在空中东摇西晃，最后必然丧失前程。"

一个人出身贫寒没关系，只要拥有远大的志向、崇高的理想，就能奋然前行，干出一番惊天动地的大事业。但是一个人若没有梦想，哪怕出身再高贵、能力再卓越，就像失去了方向的航船，不知该将力气使向何处，再厉害也会迷失在茫茫的大海之上，终究不可能成就大业。

石梅是我家曾经雇请的一个小保姆，因为家庭困难，高中还没毕业就被迫辍学了。文化水平不高的她，心中其实一直装着一个文学梦。

在做保姆工作期间，每天只要有时间，石梅就都会坚持读书、创作、投稿。她一次次被退稿，然后又一次次修改、再投。她的小姐妹知道之后，都劝她说，做人要现实一些，与其成天浪费时间做这种无用功，还不如多做几个兼职，多赚点钱。也有不少人在背地里笑话她，说她眼高手低，白日做梦。

后来，她在我的建议下报名上了夜校，并通过参加成人高考读了大学，读的正是文学专业。之后虽然她辞去了保姆的工作，但我们也断断续续还有些联系。毕业之后，她进入一家小报社，做了一名记者。再后来，听说她又跳槽到了一家杂志社做编辑。

现在，她已经有了自己的专栏，还在网上开始发表小说，有了一众粉丝，也算得上是网络小说界的一尊"大神"了。而那些曾经劝她放弃，甚至在背后嘲笑她的人呢，依旧和从前一样，人生没有任何改变。

曾记得在电影《少林足球》中，周星驰说道："做人如果没有梦想，那跟咸鱼有什么区别？"人贵有志，若是没梦想，人生便只能随波逐流，这对我们而言是没有任何好处的。也正因为如此，我们更应该在生命启航之前，就将梦想之帆高高挂起，让它成为指引我们前行的明灯。有了梦想，我们才能时刻保持激情，才能有勇气去追逐旁人不敢想、不敢做的事情，才能让生命一次次打破桎梏、创造奇迹。

英国著名物理学家法拉第就是一个很好的例子。众所周知，法拉第的杰出成就之一，就是发现了电磁感应的基本定律。他的这个发现，奠定了现代电工学的基础。大思想家恩格斯赞誉法拉第是"到现在为止最伟大的电学家"。

然而，这位天才般的物理学家连小学都没有读过。因为出身贫苦，当同龄的孩子都坐在教室里读书学习的时候，他却在一边卖报，一边自己学习认字。后来，他又自学了电学、力学以及化学方面的知识，甚至立志要在科学领域做出一定的成就。

若是没有梦想的指引和支撑，如此"低学历"的法拉第又怎会有勇气"异想天开"地去追逐看似离自己那般遥远的梦想，并最终成为举世瞩目的科学家呢？

人与人之间最大的差别，其实并不在于出身、相貌或学历，而在于他所面朝的方向、他所追逐的梦想。正是因为有着不同的梦想、有着对未来不同的规划与坚持，才造就了精彩纷呈的世间百态。可以这么说，你的未来会成为什么样子，很大程度上取决于你在扬帆启航时怀揣的梦想。

那些看似遥不可及的奇迹与神话，往往都有着一个平淡无奇甚至举步维艰的开头。那些叱咤风云的人物，也往往都曾如同你我一般，在尘世的泥途中艰难挣扎。

试想一下，若时光倒退数十年，那个名叫刘德华的年轻人只满足于当一名普普通通的理发师，那个名叫李宗盛的小伙子只满足于每天多送几个煤气罐，那么还会有后来家喻户晓的明星刘德华和李宗盛吗？

当跑龙套的周星驰因为有"自知之明"而不敢因为一个一秒钟就被打死的龙套镜头和导演争得面红耳赤，当身高仅仅有一米八三的艾弗森因为惧怕众人的嘲笑而不敢踏上NBA的赛场，他们的人生又如何能有后来的辉煌呢？

不管是刘德华还是李宗盛，不管是周星驰还是艾弗森，他们的"不自量力"，他们的"异想天开"，说到底都是因为怀揣着一个高高在上的梦想。而正是因为拥有这样的一个梦想，他们才能勇敢地向着"不可能"去挑战，一次次超越自我、突破桎梏，创造出一个个传奇的故事。

有翅膀的鸟儿未必会飞翔，但没有翅膀的鸟儿注定和天空无缘。因为梦想就像鸟儿的翅膀一样，有梦想的人未必会取得成功，但没有梦想的人注定与成功无缘！所以，在生命启航之前，请将梦想之帆高高挂起，让它成为指引我们前行的明灯，成为支撑我们前进的信念。

唯有怀揣梦想，并为之奋斗，我们才能真正活出精彩、缔造辉煌！

如何找准方向，
避免在前行中迷茫

前段时间聚会时，我见到一个许久不曾联系的朋友。他那时刚从北京辞职回来没多久，正征询大家的意见，想着干点什么事情。我很好奇，问他怎么还没想好干什么就贸然地辞了职。他说，家里人一直劝说他回老家，正好前段时间，一位亲戚说有个新工作介绍给他，可没想到，等他辞职回来之后，亲戚那边却出了点问题，那个新工作没了，所以他得重新为自己找一条出路。

聚会之后没多久，听说这个朋友在别人的建议下租商铺开了个小饭馆。再后来，听说因为小饭馆不赚钱，这个朋友把商铺转租了出去，又在他一个堂姐的建议下开始做微商……之后又陆陆续续听说了这个朋友的一些消息，得知他又换了几次工作，但每份工作似乎都做得不是很长久。无一例外的是，不管他做什么，似乎都是听从"别人的建议"，自己没有任何想法。

这个朋友的经历让我想起去年我的侄子高考报志愿时候的

事。那时候，全家聚在一起热火朝天地讨论，以侄子的分数，他究竟报哪个学校、哪个专业更有前途。有人说学医好，一技傍身；有人说学金融才好，赚钱多；也有人说当老师好，那才是铁饭碗……最后，侄子听从他父亲的建议，报了省内最好的一所大学的法学专业。

记得那时我问侄子，将来到底想要做什么。侄子告诉我说，自己想做什么并不重要，重要的是能报个热门的专业，以后好找工作。

不管是那位一直"听从别人建议"的朋友，还是我侄子，都令我感到心惊。他们的人生就像失去了方向的航船，似乎只要有港口就能停靠。他们不曾思考自己想要什么、想做什么，仿佛无论是谁，都能轻易地动摇他们的方向。这是一件多么可怕的事情啊！可这又是多数人的常态。

很多人因为不知道自己想要什么，没有一个清晰的人生目标，所以总把自己的思绪搞得像一团乱麻，也不懂得如何进行必要的自我调节。在这种混乱的生活状态中，人的内心就会渐渐失衡，变得盲目而缺乏条理，不知道自己究竟要去哪里，也不知道自己究竟在为什么努力，逐渐迷失在对生活的茫然和焦虑之中。美国一位著名的心理学家曾说过："现代人因为迷失和淹没在各种目标中，心里很容易产生挫败感和种种焦虑，甚至不快，所以活得很累。"

要知道，一个人的时间与精力都是有限的，如果你总把自己的时间和精力分散在好几件事情上，那么最终的结果很可能就是每件事情都做不好。如果你的人生没有一个清晰的目标，总是在迷茫中徘徊，将时间与精力浪费在毫无意义的地方，那么最终等待你的便是一事无成。只有懂得在前行时找准方向，知道自己想要什么、将要去往什么地方，才能将有限的时间与精力都汇聚到正确的地方，让自己的所有努力一一变现，为自己的人生创造最大的收益与价值。

这就好比爬山，如果从一开始，你就清楚自己要爬到什么位置，那么你便不会轻易被沿途的风景所迷惑，亦不会因前方的岔路而迷茫。你可以坚定不移地朝着自己想要去的地方攀爬，最终见到自己一直渴望的风景。但如果你缺乏一个明确的方向，那么在沿途中你可能因路边的野花而逗留，可能因面前的岔路而犹豫不决，甚至可能因偶遇旅人的邀约而漫无目的地与别人同行一段原本不属于自己的旅程……最终，你可能直至天黑还在山脚处徘徊，也可能因缺乏动力而茫然无措地站在某处发呆，眼睁睁看着时光流逝。

人生若是这样，又有什么幸福或成功可言呢？当失去对未来的期许和渴望时，当失去了前行的目标和信念时，我们便只能变成在迷茫中徘徊不前的痛苦者。生活就好像不停地走在一个个十字路口，想要打破迷障，我们就必须拥有执着的信念和明确的方向，只有知道了终点在哪里，才能无惧前路，哪怕跌倒了也能勇敢站起来继续前行。

沃伦·哈特格伦曾经是一名挖沙工人。因为挖沙工作太辛苦，所以他下定决心，一定要成就一番事业。而最令人意外的是，他为自己选择的目标居然是成为一名研究南非树蛙的专家！

不得不说，这听起来简直就是天方夜谭。要知道，一提起"专家"二字，人们首先想到的必然是渊博的知识、超高的学历，而哈特格伦所受到的教育显然距离"专家"这两个字太遥远了。

然而，自从有了这个目标之后，哈特格伦便坚定不移地开始了自己的行动。从1969年开始，他将自己的大部分时间与精力都投入在研究南非树蛙的项目上。他每天收集150个标本，做了大约300万字的笔记，终于找到南非树蛙的生活规律，并从这些蛙类的身上成功提取了一种世界上极为罕见的、能够预防皮肤病的药物。因为这一成就，哈特格伦一举成名，并获得了哈佛大学的博士学位，甚至成了美国《时代》周刊的封面人物。

奇迹的创造最初往往源自看似愚蠢的坚持，而一个人之所以会有这种看似愚蠢的坚持，往往是因为怀揣着一个坚定的梦想、一个必须要实现的目标。正是这样的梦想与目标赋予了一个人无与伦比的勇气与执着，让他可以一往无前。

梦想与目标是人生最好的动力，也是促使我们疯狂飞奔的信念。在感到茫然的时候，不妨停下来问问自己，究竟想要什么、想做什么。不要总是跟着别人的步伐前行，也不要总是朝着所谓的"热门"去蜂拥一气，而是停下来，倾听一下内心真正的渴望。当你真正明白自己想要什么的时候，你会发现，脚下的路其实早已有方向在指引你。

理性分析，
要清楚梦想与现实的差距

梦想的力量是强大的，因为有梦想，所以一个人才能一次次在绝望中坚守希望、在不可能中创造奇迹。我们肯定梦想的能量，但并不意味着只要拥有梦想就能所向披靡、无所不能。任何一个梦想，都必须以现实为地基，若是脱离了现实，那么梦想就是空中楼阁，不仅不能为我们带来任何助益，反而可能会让我们沉浸在异想天开中，将生命与时间浪费在虚无的追求与错误的坚持里。

想想那些不断追求"长生"的帝王，拥有着至高无上权力的他们，就是因为沉浸在脱离现实的"长生"梦中，不断追求所谓的"仙道""炼丹"，做出了一个个劳民伤财、昏庸无比的决定。然而，又有谁真的实现了所谓的"长生"梦呢？

可见，梦想一旦脱离了现实，便只会成为虚幻的梦。要让梦想真正能够照进现实，我们就一定要懂得客观理性地了解自己、认清现实，看看梦想与现实之间是否能搭建起一道桥梁，将梦想与现实连通。

"认识你自己，找准人生的坐标，才能实现自己的梦想。"这是哈佛大学的一位教授常常对自己的学生说的一句话。

记得曾看过一个电视访谈节目，在节目中，主持人问比尔·盖茨："您有如此出众而卓越的能力，有没有想过去竞选美国总统呢？"

比尔·盖茨回答道："我有什么资格去竞选美国总统呢？我很清楚自己是个什么样的人。虽然在计算机研究领域，我也算是小有成就，但是对于政事我是一窍不通的！"

听到比尔·盖茨的回答，主持人赞许道："您真是一位兼具财富与智慧的人！众所周知，您已经拥有了世界上最多的财富与最好的声誉，而最难得的是，除了财富与声誉，您还拥有谦卑和对自己的正确认识，这才是最令人敬佩的。"

比尔·盖茨微笑着说："如果说要在计算机领域做出一番事业，那么我必然当仁不让，因为这是我能够做到的事情。可要是说去做美国总统，那还是算了吧，那需要了解太多领域的知识，如政治、外交、军事等，这些都不是我擅长的领域，也不是我感兴趣的领域。所以我是不会去竞选美国总统的，哪怕被选上了，也没办法把这事做好。"

人最可贵的一点，就是对自己有一个清晰的认识，了解自己拥有什么能力和优势，明白自己有什么短板和缺陷。因为只有明白了这些，我们才能真正让梦想照进现实。就像比尔·盖茨，他之所以能够建立如此强大的微软帝国，甚至推动整个计算机行业的发展，归根结底就在于他了解自己需要什么，以及自己能做什么，然后将自己的时间与精力都投入有用的地方，将自己的力量发挥出最大值，从而在自己真正擅长的领域里把自己想做以及能做的事情都做好、做大、做强。

每个人都有做梦的权利，但一定要懂得理性分析，将美好的梦建在现实的基础上，再进行微调，让其成为有可能实现的梦想。

比如追求"长生"的帝王，他们如果能够理性地去分析，客观地去了解这个世界，就会知道，所谓的"长生""成仙"不过是没有任何现实基础的空中楼阁，是他们即使穷尽一生也不可能达成的目标。

梦想的力量源于对现实的改造、对命运的挑战。只有让梦想与现实接轨，我们才能真正因梦想而坚强、因执着而勇敢。就像那些梦想着人类可以飞翔的人，如果不考虑客观现实，只一心寄望于人能生出翅膀或学会仙术，就永远不可能有人发明出帮助人类实现飞翔之梦的飞机。

所以说，人可以做梦，但一定要算清梦想与现实之间的距离。如果只懂得做梦，不考虑现实，那么梦想就会成为人生的缺憾、悲哀的根源。我们如果懂得理性分析，能够将梦想一点点修正，让其与现实达成完美融合，就会在梦想中超越自我，最终改变命运。

我的一位摄影师朋友曾和我分享过他的一次"奇遇"。在南美一座城市的广场上，他偶然见到一个流浪汉。这个流浪汉有着天然的红头发和红胡须，还有一双十分好看的蓝眼睛，在一群流浪汉中十分显眼。

出于职业的敏感，朋友盯着这个流浪汉观察了许久之后，竟发现原来自己在八年前就与这个流浪汉有过一面之缘。八年前，朋友到罗马采风，遇到了一个来自英国的文艺青年。当时，那个青年意气风发，侃侃而谈，说自己原本在美国一家公司上班，但为了成为一名伟大的作家，便毅然决然地辞去了工作，专职于搞文学创作。谈论这些的时候，这个文艺青年毫不掩饰自己的傲慢与自负，笃定地认为自己面前已经铺就了一条金光闪闪的康庄大道。朋友为他拍摄了一张照片：他长着天然的红头发和红胡须，以及一双十分好看的蓝眼睛，表情傲慢又自负。

可谁又能想到，时隔八年，在另一个城市，朋友竟会再次遇见这个曾经萍水相逢的年轻人。更令人难以置信的是，当初那个傲慢又自负的青年，现在居然会如此穷困潦倒。

朋友为奇妙的命运感叹不已，而我却好奇于那段谜一样的八年时光。在那段时光里，究竟发生了什么事情，才会令一个人有着这样天翻地覆的变化呢？当然，这个答案我恐怕永远都不会知道了。但可以肯定的是，当初那个青年的踌躇满志并未获得一个完美的结局。

梦想是美好的，却也是残酷的。当梦想以现实为基石时，它便是我们生命中的灯塔，激励我们前行；可若梦想脱离现实，变成空中楼阁，它便会成为最甜美的毒药，让我们在虚妄中沉沦。虽然每个人都有做梦的权利，但在构筑梦想的时候，请记得先理性分析，丈量一下梦想与现实之间的距离。

精细规划，
最大限度减少梦想实现的阻力

曾经在杂志上看过这样一个故事：

两名泥瓦匠在炎炎烈日之下辛苦地筑墙。一位路人经过，好奇地询问他们："你们这是在做什么呀？"

一位泥瓦匠回答说："我们在砌墙。"

另一位泥瓦匠则回答说："我们正在修建一座美丽的剧院。"

后来，那位回答"在砌墙"的泥瓦匠砌了一辈子的墙，做了一辈子的泥瓦匠。而那位回答"在修建剧院"的泥瓦匠最终成为一名建筑师，为世人修建了不少美丽的建筑。

为什么两个人同是泥瓦匠却有着如此大的差别呢？其实，从他们最初的回答中，我们已经可以找到答案——回答"在砌墙"的泥瓦匠只看得见眼前的工作，于他而言，每天只要把砖块垒起来，把墙砌好，再领了工资，那便已经心满意足了；而回答"在修建剧院"的泥瓦匠却不仅着眼于眼前，对他来说，自己正在做的事情是一种创造，自己所做的每一部分工作都有明确的目的。他所砌的每一堵墙不仅是一堵墙，而且是构建一座美丽剧院的"零件"之一。

两个泥瓦匠，一个毫无目标，一个目标明确，这正是造成两个人最终成就不同且命运迥异的根本原因。

梦想就像一座正在修建的剧院，要想将它修建完成，我们首先要有一个明确的规划，知道每一堵墙我们应该建在什么地方、每一块砖应该放在什么位置。只有规划得越精细，我们修建出的剧院才能越符合我们最初的设想。如果毫无规划，只看得见眼前垒的砖，走一步是一步，那么我们恐怕最终会像那位只懂得砌墙的泥瓦匠一样，砌一辈子的墙、垒一辈子的砖了。

实现梦想并不是一件容易的事。就像盖楼，不管你想要的是普通的小平房，还是漂亮的摩天大厦，都得用砖一块一块地垒起来，不是打个响指或喊声口号就能完成的。只有经过精细的规划，绘制出合理的人生蓝图，我们才能最大限度地减少实现梦想的阻力，从而让梦想变为现实。

奥斯汀是我的一位美国朋友，曾经一直是靠向杂志社和报社投稿赚取稿费为生的。他在做一个专栏的时候，写了一位发明家的故事。这个故事给了他很大的触动，让他萌生出想要改变自己生活状态的想法。

经过多番考虑之后，奥斯汀决定重拾儿时的梦想，努力成为"全美最顶尖的专利律师"。老实说，当时凡是认识奥斯汀的人，听到他这番"梦想宣言"后，无一不感到惊讶和质疑，甚至还有不少人"好心"地规劝他，不要总想着做些不切实际的梦。

奥斯汀并未理会身边同事、朋友乃至亲人的质疑，而是积极地开始为实现目标做规划。他先是拜访了一位律师朋友，并在对方的引荐下认识了一位在业内小有名气的专利律师，并对这位专利律师进行了深入的采访。然后又陆续拜访了几位法学专业的教授，通过教授们的介绍，他选择了一所最适合自己的学校，并制订了一个高效快速的学习计划，在最短时间内学完了所有的法律课程。

毕业之后，他利用自己的人脉特意接手了一个当时颇受关注的棘手案件，并一战成名，很快在业内站稳了脚跟。如今，他已经成了一名在业内小有名气的专利律师，手里的案件应接不暇。而此时，当他再说出自己想要成为"全美最顶尖的专利律师"时，已经不会再有人认为他在开玩笑或者自不量力了。

因为梦想总是高于现实的，所以很多时候你所拥有的梦想看上去似乎总与你所处的现实"很不相配"，但这并不意味着你的梦想就没有实现的可能。就像奥斯汀，在他还是一名挣扎在温饱线上、靠着不稳定的稿费艰难求生的小人物时，几乎没有任何人会相信，他真的能够成为"全美最顶尖的专利律师"。然而，他的确成功了，一步一步地朝着那个看似不可能完成的梦想走去。

　　任何看似伟大的奇迹，都是从一点一滴的改变开始的，就像拔地而起的高楼，不也是由一块一块的砖慢慢垒起来的吗？我们搬不动大楼，但能轻松拿起一块一块的砖头。只要画好图纸，做好规划，我们便能在自己的坚持与努力下用一块一块的砖建成高楼大厦。

　　正确的设计是建造高楼的基础，合理的规划则是实现人生梦想的前提。人生的道路都是我们自己选择的，人生的蓝图也是由我们自己一笔一画绘制的。若是缺乏规划，我们便只能浑浑噩噩地过日子，随波逐流地浪费光阴，人生又谈什么大成就呢？

　　人的思想与行动是密不可分的，你怎样思考便会做出怎样的行动。你如果对梦想有着精细的规划，就会按照这些规划去行动，让自己的一切行为、情感、才智、个性都向这份规划靠拢，竭尽全力地消除一切阻碍，将这些规划一一变为现实。相反，如果你对梦想毫无规划，那么即使你有想要成功的欲望，也不知道该如何下手，不知道该朝什么方向努力，最终会一事无成。

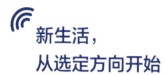

新生活，
从选定方向开始

　　无论行走于何处，都需要先找准方向，只有找对了方向，我们才能走上正确的道路。若是没有方向，我们无论走得多远，付出多少努力，最终都可能只是在做无用功。在人生的旅途中，方向就是指路的明灯，只有将它点燃，把前路看清楚，我们才能更加快速有效地抵达目标所在的地方。

　　人这一生，选择往往比努力更重要。若选对了路，哪怕只走出一步，也是进步；若选错了路，那么你走得越远，便错得越多。所以，请记住，不同的选择决定了不同的未来，一个人在出发之前，先找准自己的方向，然后定位好自己所渴望的未来。

　　在撒哈拉沙漠中有一颗明珠，那就是比塞尔。每年都有数以万计的人蜂拥而至，到这里来一观沙漠风光。然而，在未经开发之前，比塞尔只是一个落后而封闭的村落。据说这里的人从小到大都不曾走出过沙漠，并不是因为他们不愿离开这片贫瘠的土地，而是因为从来就没有人能走出这里。

后来，一个名叫肯·莱文的人来到了这个地方，他很好奇，这块土地究竟有什么魔力，可以将无数人牢牢困在其中。为了找到答案，肯·莱文决定亲自去尝试一下。他从比塞尔向北走，用了整整三天半的时间，顺利走出了沙漠。

这一结果让肯·莱文越发感到疑惑，他不明白，为什么明明这样轻松就能离开比塞尔，可当地的人却始终无法走出来呢？为了解除自己的疑惑，肯·莱文找了一个当地人，让他在前面带路，自己则跟在他后面，想看看比塞尔的"魔力"究竟是怎么回事。

在这个当地人的带领下，肯·莱文和他花了10天也没能走出沙漠。更有趣的是，在第11天的早晨，他们居然又回到了比塞尔。这一次，肯·莱文终于找到了答案。原来比塞尔人之所以无法离开这里，是因为他们根本不认识北极星，不懂得利用北极星来指引方向。他们只按照自己想当然的感觉去走，于是在地球引力神奇的"误导"之下，不断地围绕着比塞尔转圈。这样一来，无论他们多么努力，走了多么遥远的路，最终都只能再次绕回这个地方。

找到答案之后，肯·莱文将走出比塞尔的秘诀告诉了当地人。他们按照肯·莱文所教的方法，只在夜晚赶路，在北极星的引导下前行，果然顺利走出了沙漠。后来，为了纪念肯·莱文，当地人在比塞尔为他立了一尊铜像，铜像底座上刻着一行小字：新生活，从选定方向开始。

无论你想走到什么地方，都必须先找准方向、做出选择，而你的选择直接决定了你的未来。就像比塞尔人，他们之所以走不出沙漠，不是因为他们不够努力，也不是因为他们没有能力，而是因为他们从一开始便不曾辨明方向。

人们常常说，选择很重要。确实如此，在人生道路上，不同的选择往往决定了不同的未来。一个正确的选择能帮助你节省时间，缩短你脚下艰难的路程；而一个错误的选择会让你离成功越来越远。所以说，我们只有先找准方向，做出正确的选择，做事才能事半功倍。

姜武和华勇是我以前带过的两个学生，他们关系很好，成绩都非常优秀。大学毕业后，他们同时收到了一家五百强企业的录用通知。但令人意外的是，姜武却拒绝了这家公司，选择了另一家给他发来录用通知的小公司。

因为这事，华勇愤怒地跑去质问姜武："你是不是脑子进水了？这两家公司，明眼人一看都知道怎么选，你怎么偏偏舍了珍珠选鱼目呢！"

姜武笑着解释说："虽然那家企业很有名，但像我们这样没有经验的毕业生，就算进去了，也只能从小职员做起，发展空间毕竟有限。而另外这家公司虽然规模小，才刚刚起步，但很有发展潜力，而且我已经和老板谈好了，以技术入股。工作满三年后，如果公司发展良好，我就能得到百分之十五的股份，正式成为公司股东。"

两人谁也说服不了谁，最终不欢而散。

五年之后的同学聚会上，姜武和华勇又见面了。这五年中，他们虽然时有联系，但毕竟各有各的事情要忙，所以对彼此的情况也不是特别了解。

时隔五年，华勇已经有些微微发福了。他现在仍然在那家企业上班，已经熬成了一个小部门的主管，薪资待遇在一众同学中算是挺不错的。只不过如果还想往上爬，恐怕就比较困难了。

姜武不仅顺利拿到了当初老板承诺给他的百分之十五的公司股份，而且已经是那家公司的副总了。最重要的是，这五年跌宕起伏的职场经历，带给姜武的简直堪称一场华丽的蜕变。他在一次次的危机和挑战中和公司共同成长，不论眼界还是思想都有了非常显著的提高，言谈举止间的风范和气魄是许多人都赶不上的。

五年的时间，让原本站在同一起跑线上的华勇与姜武走到了截然不同的地方，而造成这种差距的根本原因，便是他们最初截然不同的选择。不管是在大公司艰难求生的华勇，还是在小公司汲汲营营努力工作的姜武，他们在这五年中都付出了自己最大的努力，只不过，选择的道路不同，最终得到的收获也不相同。

所以说，无论你想要做出什么改变，都要选准方向，只有先找准了方向，我们才能一步步走到当初自己所渴望的地方，抵达心中向往的终点。

第 3 课

日精进

那些一毕业就解脱的人，最后很难有所成就

活到老，学到老。学习是没有终点的，因为时代在不断地发展，我们的生活在不断地改变，总是有新东西需要我们去了解。学生时代的结束象征着无人鞭策、自主学习的时候到来了。正是这个自主学习的阶段，决定了谁会走向成功。

只有不断充电，
才能不断提高能力的上限

现代社会的知识有两大特点，一是量大积累多，二是增长发展快。无论哪一个领域，任何一项知识与技术都只有暂时性的意义，人才资本的折旧速度一直在加快。换言之，想要始终走在时代前沿，保证自己的价值，我们就必须不断充电，不断提高自己知识和能力的上限。

早在19世纪，著名的格言家阿萨·赫尔帕斯爵士就曾这样说："经常听、时常想、时时学习，才是真正的生活方式。对任何事既不抱希望又不肯学习的人，就没有生存的资格。"在这个竞争激烈的社会中，无论身处什么位置，每个人都面临着随时被淘汰的危险。如果不想被别人赶超、不想被时代淘汰，就必须不断学习、不断提升，让自己能够始终奔跑在队伍的最前方。

让我们一起来看看在各个行业内大放异彩的普通人的故事吧：

——在外资银行工作的谭晓静，一开始对金融行业其实没什么兴趣，只是阴差阳错入了行之后，一时之间也没遇到什么其他的好机会，只好硬着头皮把工作做下去。谭晓静所在的外资银行环境、待遇都非常不错，身边更是大把有硕士、博士学历的同事，这让谭晓静备感压力，迫切地觉得自己有必要多"充电"。于是谭晓静在同事的建议下报了一些金融培训班，并阅读了大量书籍。随着对金融行业了解的加深，谭晓静从中发现了不少乐趣，也逐渐真心地爱上了这一行。

——黎敏敏是某服装品牌的销售经理，主管该品牌南方地区的销售业务已经五年了。这样的成绩在很多人看来是非常值得羡慕的，但令人意外的是，她却选择了辞职，放弃了这份人人羡慕的工作，前往法国进修服装设计专业。数年后，她成为某国际大品牌中国公司地区的市场销售总监。在一次采访中，她这样说道："……那时候，我感觉我的职业生涯面临着前所未有的停滞状态，我感到非常恐慌。因为整整五年的时间，我始终停留在一个位置。如果再不想办法提升自己的能力上限，那么即使再给我五年，我在公司恐怕也很难再有更大的作为。所以我选择了辞职，前往法国继续为自己充电……至于之后的工作，我想我不需要有任何担心，既然敢选择辞职，那么我自然就有勇气承担一切后果。"

——还不到30岁的雷达已经在IT行业混迹六年多了，身处这个知识更新换代速度极快的行业，雷达比任何人更能体会到随时给自己充电的重要性。雷达说："自从进入这个行业之后，我感觉自己一直处在一种和最新的科技知识赛跑的状态。这是一个信息时代，每时每刻的知识都在呈膨胀性扩展。刚刚掌握的资讯，过不了多久可能就已经过时了。不及时更新知识和资讯，很快就会被这个社会淘汰。"

——陈淼是一家国际航运公司英国分部代表的秘书，学习的专业是英语。当初她之所以能顺利获得这个职位，很重要的一个原因是她的顶头上司也来自中国，但英语水平比较一般。进入公司后，陈淼很快意识到，相比周围的同事，自己除了能熟练使用中文和英语，没有其他任何优势或特长。经过慎重考虑后，陈淼决定要为自己充充电。她很快申请了美国哥伦比亚大学的工商管理类硕士研究生课程的学习，想着学成之后也算是给自己镀层金，增强一些个人竞争力。后来，陈淼的上司离开了公司，新调任过来的代表直接带来了自己的秘书，一时之间，陈淼的角色变得十分尴尬。面对这样的情况，陈淼最终决定辞职，随后顺利跳槽到了一家跨国咨询公司。陈淼感叹："要不是当初想着多为自己充充电，增强一下个人竞争力，现在恐怕早就被工作的事情搞得焦头烂额了，哪里还能为自己再争取到这样好的机会呀！"

从以上的事例中可以看出，无论在哪一个行业，想要成为其中的佼佼者，我们都需要不停地为自己充电，不断提升自己的能力上限。

生命不息，学习不止。在这个知识经济时代，个人实力和能力的打拼只会越来越激烈。我们只有不断学习，提升自己的能力，才不会在竞争中落后，成为被淘汰的那个人。可以说，未来的"文盲"将不再是指那些不识字的人，而更多是指不学习的人。

在现实生活中，我们身边总有一些人，他们不去学习，不去想办法努力提高自己的能力，只会抱怨老板，抱怨社会，嫉妒别人的成功与好运。然而，真正造成他们失败人生的原因，不过是自己的懒惰罢了，与别人的优秀又有什么关系呢？

无论你从事什么行业，想要在激烈的职场竞争中脱颖而出，就必须不断学习，不断进步，不断汲取新的知识与技能。过去那种在学校里学习几年，一次性"充足电"，然后就能在工作岗位上干大半辈子的时代早已不复存在。无论你是初入职场的"小白"，还是已在职场打拼多年的"老油条"；无论你是想在岗位上站稳脚跟，还是想在竞争中谋求发展，都必须不断为自己充电，不断提升自己的能力上限，才能在"群狼环伺"的激烈竞争中为自己赢得一席之地。

谁躺在功劳簿上睡觉，
谁就在等着被干掉

　　成功是一件值得开心与回味的事情，但生活总是要继续向前的，过去再好，我们也不能一直沉湎其中。一个人若是不懂得巩固自己的成就，在取得成功后不再继续努力，终有一天会失去已得的荣耀。

　　王尔德曾说过这样一句话："人们把自己想得太伟大时，就是显示其自身的渺小。"真正成功的人不会一直炫耀自己的功绩，真正聪明的人也绝不会因一时的辉煌而沾沾自喜。那些嘴上总是挂着"我年轻时……"的人，在现实生活中往往都不会过得太如意。毕竟，若是过得风生水起，谁又有时间与精力去缅怀过往呢？

　　所以，我们每个人都应切记，一个人应当虚怀若谷、求知若渴，在得意时能淡定从容，在失意时也不心灰意冷。唯有如此，我们才不会迷失在人生的起起落落之间，也才能更清楚地认识自我，更客观地了解自己的优势与不足，从而让自己一直进步，成为更优秀的人。

得意常驻心间，只会让我们的心灵慢慢被腐蚀。别让过往的辉煌成为阻碍你成功的路障，更别让努力书写的功劳簿，成为最终麻痹你进步的毒药。

阚泽是我大学时候的一位学长，当初在学校时，他就是风云人物，长相帅气，才华横溢。

毕业之后，阚泽进入了香港一家非常有名的广告公司，短短几年就坐上了创意总监的位置。在从事广告工作的数年里，阚泽一连拿下了不少本地甚至是国际上的广告大奖，堪称广告界的风云人物。那时候，这位学长的优秀是大家有目共睹的，因为只要有电视机和广告牌的地方，就能看到他的作品。

但令人意外的是，这样优秀的一位学长，有一天竟然"坠下神坛"了。就在去年同学聚会的时候，我从别人口中得知了阚泽的近况。听说他度过了职业生涯的"黄金时期"后，便呈现出江郎才尽的颓势，架子倒是变得越来越大，可作品始终停留在原地，没有任何进步。

更令人唏嘘的是，阚泽原本有个已经在谈婚论嫁的女朋友，现在也分手了。这个女孩也十分优秀，以前曾是阚泽的下属，后来因为出色的工作表现成为公司着重培养的人才，甚至在不久之后被公司提拔成了阚泽的上司。

　　阙泽是个十分要强又爱面子的人，在被未婚妻"压制"后，常常会因工作意见不合而与她产生冲突。两人因此而分手，本来已经在筹备中的婚礼也取消了。

　　美国汽车大王福特曾说过这样一句话："一个人如果自以为有了许多成就而止步不前，那么他的失败就近在眼前了。许多人都是一开始奋斗得十分起劲，但前途稍露光明，便开始自鸣得意，于是失败立刻接踵而来。"

　　学长阙泽不就是一个最好的例子吗？优秀的他原本完全可以成为爱情事业双丰收的人生赢家，但最终活得工作生活双失意。导致他走向失败的根本原因就是，他沉浸于过往的成功与辉煌，却缺乏进步与提升。

　　人生路是我们一步一步走出来的，这一步走得不好，不代表就一辈子都走不好，同样，这一步走得再精彩，也不意味着这一辈子都能一直精彩。要知道，那些让我们为之得意的过往，只代表着过去，我们的目光应该紧盯着的，是当下，是未来。

　　一位成功的企业家曾告诫他的后人："当别人把你当作英雄的时候，你千万不能也把自己当作英雄。"谁躺在功劳簿上睡大觉，谁就等着被干掉吧！要知道，没有谁会一辈子都是英雄，最辉煌的时候，其实也是最危险的时候。倘若我们被眼前的光辉所蒙蔽，因过去取得的功劳而得意，认为自己无所不能，那么现实很快就会狠狠给你一个耳光。

很多人可能没听说过大宇集团，它曾是韩国著名的企业之一，在世界跨国企业中排第115名。但如今，这个曾辉煌一时的商业集团已因资不抵债而宣布倒闭。

大宇集团为什么倒闭了呢？其中最大的问题就出在集团总裁金宇中身上。

金宇中是个很有本事的商人，他只用了10年时间，一手打造了大宇集团，创造了市值超过700多亿美元的总资产。然而，也正是这样的成功，冲昏了金宇中的头脑，让他日渐变得骄傲自满、独断专行。

在发展新公司的时候，金宇中完全不顾大局，只一味地消耗人力、物力，对集团进行盲目扩张。也正是这一举措，造成了大宇集团资金周转困难的局面，甚至最终拖垮了这个商业帝国。

在商业战场上，类似大宇集团这样的情况并不在少数，比如我国的南德、三株等知名企业，同样也曾是风靡一时的大企业，它们的领导者也都曾是行业内的佼佼者。但也都和大宇集团一样，沉醉于过去的辉煌，看不清眼前的形势，最终一步步走向深渊，消失在历史的洪流中。

成功是最华美的冠冕，也有可能成为最甜美的毒药，关键在于你如何去看待它，是将其作为激励自己继续前行的信心与动力，还是将其搭建成柔软舒适、令人沉迷的卧榻。

人生的际遇，最重要的不是我们现在站在哪里、拥有什么，

而是我们在朝着什么方向前进、付出什么样的努力。成功与辉煌
其实都是可以延续下去的，重要的是，我们在面对那些歌功颂德
的声音时，能否继续保持一颗平常心，将傲慢与得意清除出我们
的心灵，督促自己不断前行、不断努力，开启人生的新篇章。

事业没有终点，
每天都应该进步一点

　　某日聚会，一位做记者的朋友提及不久前做的一个采访，采访对象是一位青年企业家。这位青年企业家出身于普通家庭，大学毕业后自己创业，不过二十出头的年纪，就已经身家上亿，堪称年轻人成功的楷模。

　　在采访中，朋友询问这位青年企业家成功的秘诀，这位青年企业家却回答说："成功吗？不，我还没有成功呢！在我的前方，还有无数更高的目标，怎么能说成功了呢？事实上，我一直认为，没有人会真正成功，因为事业永远是没有终点的，每天我们都应该更进步一点。"

　　讲完这个故事，朋友感叹："终于知道我和成功人士之间的差距在哪里了。人家身家上亿，还觉得自己没有成功，我奖金上万就觉得自己跟拯救了银河系似的！所以啊，人家可以一刻不停地努力，再创辉煌。我呢，有点儿小成绩就沾沾自喜，得意扬扬地原地睡大觉了。"

朋友的话让我想起曾在某本书上看到过的一位作家说的话：
"出类拔萃的杰出人士并不会把成就视为一个固定的终点。这类
成功人士最大的特点，就是他们能够不断地朝未来迈进、创造
新的挑战，并且对于应该完成的工作具有非常清楚的概念。"

人的潜能远远超过我们的想象，很多时候，我们总以为自己
只能到这里，但事实上，我们完全还有余力继续向前走下去。真
正限制我们的原因，不是能力不足，而是我们自己内心给自己设
定的限制。

事业的成就是永远没有终点的，无论你走得多快，前方总有
值得你仰望的"高山"。纵然你已经冲在了所有人前面，在你面
前依然还有很长远的路需要走。人生的成功，说到底，其实并不
是超越别人，而是超越自己。我们只有不断刷新自己的纪录，每
一天都比昨天进步一点，这样才是真正的成功。

几年前，我曾参加过香港一位企业管理大师开办的课程。在
上课时，这位管理大师和我们分享了他自己的一些经验：

首先，每个人都该给自己的工作定一个小目标。比如，你昨
天做了什么，今天打算做什么，这些都是非常重要的。对于昨天
的工作，你必须弄清楚，领导满不满意，是否还存在什么问题。
如果确实存在问题，那么就得正确审视一下，自己的工作方法是
不是有不恰当的地方，再反省一下，自己是不是存在哪方面能力

的欠缺，从而有针对性地努力学习这方面技能，最终解决问题。

其次，向水平最高的同事看齐。这一点很实际，只有通过比较，你才能知道自己在工作中到底有什么地方比不上别人，以及你的同事身上有哪些优点是你所欠缺的，帮助你发现自己身上的不足。

最后，弥补你的不足，积极学习。在你确定了自己的短板与不足之后，就该实践生命永远的主题了——学习。取同事之长，补自己之短，这是提升自己最有效也最快的途径。学习能够帮助你提升自己，从而超越自己。

企业管理大师告诉我们，这就是他多年以来总结的成功"秘诀"。一个人想要得到更多的东西，就必须站到更高的地方、学习更多的东西。让今天的自己比昨天的自己更优秀，这样我们才能不断提升、不断超越、不断进步。

在职场中打拼更是如此。无论你爬得多高，身后永远都有一群虎视眈眈的人。不想被拉下来，你就永远不能停止向上攀爬的步伐。你只有不断地向工作发出挑战，做得更多、更好，才可能始终站在前方，不被别人超越。

戴尔·卡耐基曾这样告诫年轻人："我认为你完全有成就大事的潜力，但你是否一定能够成就大事，则完全取决于你自己。如果你拥有一颗做成大事的进取心，那么，这世上便没有什么可以阻挡你；如果你并没有这样的力量与愿望，即使给你再好的教育、再有利的外界条件，也不能将你变为成就大事者。"

事业上的成就是没有终点的。成功者之所以能够成功，就是因为他们从来不会给自己设限，更不会为自己所取得的小成就沾沾自喜。他们始终都在前行，督促自己成为更好的人。

成功既能够给人带来极致的欢愉，也能蒙蔽人的双眼，让人在欢愉中逐渐丧失前行的勇气与毅力。人生真正意义上的成功，不是看你站得有多高，也不是看你走得有多远，而是看今天的你能否比昨天更优秀、更进步。

只有拼命地学习，
才不会被人比下去

这是一个信息爆炸的时代，知识更新的速度越来越快，如果不想被人比下去，不想被社会淘汰，我们就得拼了命地去学习，让自己始终站在行业的前端。就如美国前总统克林顿所说："在知识经济时代，谁不善于学习，谁就没有未来。"

某招聘网站曾做过这样一个调查：新的一年中，你有什么职场心愿？

在接受调查的人中，有超过70%的人都选择了"充电、学习、提升能力"这一选项。

无独有偶，另一家网站也做过一项相似的调查，所提的问题是：在新的一年中，除了工作，你最想做的事情是什么？

在接受调查的人中，有超过55%的人选择了"学习"这一选项。

可见，在现代社会，越来越多的人意识到了学习的重要性和必要性。如果说个人主动学习、为自己充电的行为在数年之前还只是某一部分职业人群在某一阶段的行为取向，那么在今天，主动学习、为自己充电的行为已经成了所有职场人士的普遍选择。因为每一个有上进心的人都很清楚，想要在职场占有一席之地，不被别人比下去，就只能拼了命地去学习知识、强化技能，让自己适应不断变化的环境。

无论是谁从事什么样的工作，时间长了，必然会出现职业倦怠。在这种情况下，我们对工作的热情会越来越少。若是任其发展，久而久之，工作对于我们而言将会成为一件苦不堪言的事情。要想解决这一问题，最有效的方案其实还是学习。学习能帮助我们开阔眼界、探索更多的未知，从而激发我们对工作和生活的热情。在学习的过程中，每一项新学到的知识与技能，都会成为我们打破瓶颈的助力。

我的朋友王坤对此是深有感触的。王坤在一家外贸公司工作，是这家公司的元老级员工，但他的学历是公司里最低的。

王坤家庭比较困难，很早就辍学出来打工。他进入这家公司的时候，它还只是个名不见经传的小公司，全体员工不超过10个。后来，公司发展越来越好，老员工走了一批又一批，新员工的招聘标准也越来越高，王坤自然也就成了全公司学历最低的一个"老人"了。

虽然学历不高，但王坤向来热爱学习。在工作之余，王坤最喜欢干的事情就是摆弄电脑，对那些常用的软件、硬件也都比较精通，甚至还赶时髦地做了一家有关电脑维修的网络论坛的版主。平时公司的电脑出了什么小问题，基本上也都是王坤帮忙解决的，实在解决不了的才会转去给合作的电脑维修公司。

两年前，由于经营管理方面的问题，公司的业务一下子萎缩了不少，为了渡过难关，公司不得已只能选择裁员。那时候，就连许多老员工也受到了波及，被公司遣散。作为公司学历最低的"老人"，王坤早就做好了被遣散的心理准备。但令人意外的是，在最终确认的裁员名单上，并没有王坤的名字。他成了裁员大军中的"幸存者"，并且被公司提拔做了业务经理。

后来，王坤私下去问了老板，为什么选择留下学历最低的他。老板告诉王坤说："我不在乎你的学历有多高，只在乎你能为公司做多少贡献。你工作干得好，又会修电脑，听说还会搞网络营销，你这样全能型的人才，我为什么不要？更重要的是，这些东西都是你主动学习的，只要一直保有这种学习精神，你就还能不断地成长，创造价值。你这样有潜力，公司自然看好你。"

试想一下，假如王坤没有那股主动学习、不断充实自己的劲儿，他还能成为大浪淘沙中的幸存者吗？对于答案，相信每个人心中都有数。职场一直都是一个最残酷也最现实的地方，你再有资历、创造过再多的辉煌，若是不能在当下展示出你的价值，那么必然也逃脱不了被人超越、被社会淘汰的命运。若不想被比下去，就必须拼了命地去学习、拼了命地去提升自己的能力。而你通过学习所获得的这些东西，正是你纵横职场最大的倚仗。

在职场打拼多年的你或许已经察觉到了吧！随着年龄的增长，开始走下坡路的，除了健康，还有你的脑袋。你可能已经感觉到自己在工作中越来越力不从心，所学的知识已经不足以帮助你处理许多新的问题；你可能已经无法处理那些有挑战性的工作，也很难再在工作上提出有创意的想法和意见；你可能已经开始对许多新兴事物一窍不通，甚至难以和公司的新人达成工作上的共识……

当这些问题开始充斥你的工作与生活时，就意味着你的前进之路已经亮起红灯。如果不能及时补充新鲜的"血液"，即使你有再强的决心和韧性，恐怕都难以在激流中继续前进。这个时候，你只有赶紧拼了命地学习，争取赶上时代发展的步伐，才不会被淘汰。

请记住，这是一个知识经济的时代，学习化生存已经成为人们最佳的生存方式。想要走在社会的前沿，想要成为行业里的中流砥柱，想要在激烈的竞争中站稳脚跟，唯一的办法就是学习、学习、再学习。

人生没有"解脱"，
时刻自省才能持续精进

很多人在取得某些小成就后，总会不自觉地松懈下来，庆祝自己得到"解脱"。比如毕业时、面试成功时、升上理想职位时、恋爱成功结婚时……当然了，生活确实应该劳逸结合，紧绷的神经也应该有放松的时候。但放松也应当是有时限的，放松过后，我们依然需要把"弦"绷紧，继续前行。要知道，人生如逆水行舟，从来就没有所谓的"解脱"，只有时刻自省才能持续精进，逐渐取得成功。

世界著名的宗教圣地圣保罗大教堂，安葬着一位非常有名的法国牧师纳德·兰塞姆。他的墓碑上工工整整地刻着这样一句墓志铭："假如时光可以倒流，世界上将有一半的人可以成为伟人。"后来，一位游客在读兰塞姆的手迹时也感慨道："若每个人都能把反省提前几十年，那将会有50%的人可能让自己成为一个了不起的人。"

可见，对于任何人来说，学会自省都是非常重要的。只有懂得自省的人才能客观地认识自己、了解自己。在做事时，他们会考虑自己究竟有多少能力，能做多少事情，缺点在哪里，又有什么优势。他们会做出清醒的决策，不会盲目地透支自己的力量，更不会自不量力地让自己坠入深渊。

只可惜，在这个世界上，真正懂得自我反省的人实在太少了。更多的人总是习惯将自己的失败归咎于他人，在他人身上找原因，对自己的缺点与不足却视而不见。

但人只有在不断的自省中，才能发现自己的不足，然后一点点改正这些不足，让自己成为更优秀的人，从而实现持续的精进。不懂得自省的人，永远不会发现自己身上存在的问题与缺陷，只会把一切的不幸都推到别人头上，自己则永远原地踏步，不会有任何提升与进步的可能。

所以，一个人无论取得什么样的成绩，都不要被胜利冲昏头脑。如果不想跌进失败的泥淖，就不要忘记时刻自省、时刻进步。

自省是成功的基石，因为人一旦拥有了自省的能力，便会懂得控制自己的欲望和冲动、驾驭自己的思想和情绪。自省的力量是强大的，它能够让人变得冷静和理智，在面对各种挫折与挑战时迸发出惊人的力量。更重要的是，通过自省，我们可以更加客观真实地认识自己，从而改变自己、提升自己，让自己获得成功的智慧。

杰瑞塔是美国某著名投资公司的销售总监，为公司创下了一个又一个销售奇迹。凡是和杰瑞塔打过交道的客户，没有一个不喜欢他的。他身上仿佛存在着一种魔力，总能让人不由自主地信赖。

对于杰瑞塔身上的"魔力"，很多人将其称为"天赋技能"，认为这是一种天生的亲和力。杰瑞塔却告诉大家，这并非什么所谓的"天赋技能"，而是通过自己的努力实现的。

在一次面向全公司销售人员的演讲中，杰瑞塔说道："早在大学时代，我就已经养成了'照镜子'的习惯，并且将这个习惯一直坚持了下来。那时候我刚进公司，和我一起被录取的还有几位新人。在他们中间，我实在是显得太平凡了，所以那时候，想必也没有领导对我抱有什么希望。

"但我不是一个愿意接受失败的人，我想向所有人证明自己。我给自己制订了很多计划，每天晚上回到家，我都会站在镜子面前，回顾自己一整天下来做了哪些事情，其中哪些做得好、哪些做得不好。我甚至会对着镜子回想自己一整天在面对客户时的表情、动作，反省其中是否存在什么纰漏，有没有做出什么令人不快的事情。

"就这样坚持下来，我对自己的长处与短处可以说了然于胸了，在实际工作中自然能够扬长避短，把事情做到最好，同时也让客户看到自己最完美的一面。"

　　人贵有自知之明，只有能够客观地认识自己，才能够找到自己身上存在的缺点与不足，从而一点点改变自己、提升自己，让自己成为更优秀的人。人要自知，就必须要学会自省，通过自省来剖析自己，剔除坏的，发扬好的，真正做到扬长避短。

　　金无足赤，人无完人。在这个世界上，从来就不存在所谓的"完美"，这也意味着，我们都始终有进步的空间。圣人告诫我们，学无止境。一个人如果不想被超越，就只能一直不停地逼迫自己向前奔跑，在自省中学习，在学习中进步，在进步中成为比前一刻更优秀的自己。

第 4 课

惜时间

我们如何理解时间，
直接影响我们的未来

时间是最公平的，因为时间给每个人的都一样多。如何将时间利用起来就成了人与人之间形成差距的重要因素。有些人总是能够挤出更多的时间来提升自己，而有些人总是在浪费时间。如果你能将时间利用得更加充分，那么显然你就有更多的机会成功。

不要再说"没有时间"，
竭尽全力去追梦

公司新来的一个小姑娘，能说会道，但没有工作经验。可年轻人学什么都快，只要肯用心学，用不了几天就能上手。鉴于大家都是"年轻人"，同事们也愿意毫无保留地教她。

然而这个小姑娘真的是你说一下她动一下，你不说她就不动的那种人。

几天过后，我们领导问她："工作摸索得怎么样了？"

她一脸委屈："时间太短了，我才刚刚入门。"

小姑娘还说，上班时间都在做我们交代给她的事情，下班以后没有时间学习……

其实，小姑娘，你不是没有时间，只是惰性太强。惰性是一种习惯，并且是一种很不好的习惯。

小姑娘，你是真的没有时间吗？想想你上班时和男友聊天的时间，想想你下班后沉迷于网上购物的时间，想想你躺在床上追剧的时间……

很多人一边在挥霍时间，一边说"我没有时间"。人们总是把"没有时间"当作"无能为力"的借口。他们没有意识到，正是这句话，让自己离梦想越来越远。

我有个发小叫邢伟，从小就喜欢画画，他确实很有天赋，小时候我们都叫他 "画家"，他小时候的梦想就是成为一名画家。可是一晃20多年过去了，这20多年邢伟一直没有时间专心画画：他先是忙着考一所好大学，又忙着找一份好工作，然后又忙着找一个好老婆，随后又忙着努力生一个好孩子……现在，他每天最忙的是交际应酬：张主任的酒不能推，李科长的面子不能不给……"日理万机"。

那天我和邢伟一起喝茶，谈及小时候的梦想。邢伟心里也是一阵悸动，最后痛苦又无奈地长叹："兄弟，我没有时间啊！要不然我肯定能成为一个不错的画家。"

也是巧了，刚从茶馆出来，邢伟就遇到了他在美术班一起学画画的同学。虽然多年未见，但邢伟还是一眼就认出了对方。因为他这个昔日同窗在艺术圈里名气不小，我也经常在媒体上看到关于这个人的报道。他们俩说起当年往事，都不胜唏嘘。

邢伟力邀人家去喝酒，说是要在酒桌上好好聊一聊，对方谢绝了："小伟，我还有作品要完成，没时间多聊了，真的不好意思啊！"说完，他告别离去。看着对方渐行渐远的背影，邢伟心里想必也是五味杂陈。他对我说，当年在美术班，这个人的水平跟他差不多，如今时过境迁，境遇却有着天壤之别。

邢伟没能成为画家是因为"没有时间"，而他的同学成为画家也是因为"没有时间"。不同的是，邢伟是没有时间去实现梦想，而他的同学是没时间浪费在梦想以外的事情上。不同的选择，造就了截然不同的人生。事实上，我觉得邢伟还是有机会的——就像世界织布业巨头威尔福莱特·康那样。

威尔福莱特建造自己的织布王国用了40年时间，他到底有多忙，想必不用过分描述。他也是个绘画爱好者，也曾梦想成为一位画家，但因为真的太忙，一直无法完成自己的心愿。

越来越老的威尔福莱特有一天突然觉得，自己大半生除了金钱什么都没有留下。他开始反思，最终下定决心："不管工作多忙，每天必须抽出一小时画画。"

为了不受干扰，他强迫自己每天5点之前起床，一直画到早饭时间。就这样坚持几年以后，威尔福莱特成了一位名副其实的画家。他的油画被大量展出，有几百幅作品被收藏家以高价买走。他还多次成功地举办了个人画展。

正像哲学家费尔德所说："成功与失败的分水岭用5个字就可以概括——我没有时间！"

现在，如果你对我说"没有时间"，我会向你推荐日本女医生吉田穗波的时间管理方法。她在养育5个孩子、做好本职工作的同时，拿下了哈佛大学公共卫生专业硕士学位，还出了一本书。在她面前，你敢说自己没有时间吗？以下是我对吉田穗波时间管理法的提炼性总结。

1. 放弃完美主义，不要在细枝末节上花费太多时间。十全十美不可能，我们只需尽善尽美就可以了，"做一点是一点"就会有新突破。

2. 留出不被打扰的时间。比如在保证睡眠充足的情况下，提前比家人早起一小时，在大脑最有效率的时间，为自己的梦想做点事。

3. "用钱买时间"，不要大事小事亲力亲为，做"不可替代的事"，比如多花一点钱买个功能强大的洗衣机，将手洗、熨烫衣服的时间省出来做重要的事情。

4. 做日程计划表，详细到15分钟。每个星期一早上第一件事就是做好计划，写好待办事项，用红色笔圈出自由的时间段，然后按照紧急和重要程度把事情填进去。

5. 控制好情绪。不要被情绪控制，"心烦意乱，什么事都做不了"，做正事之前，一定要把烦心事处理好。心无旁骛地做事才有效率，效率就是时间。

6. 不要左顾右盼，不要顾虑重重，别给自己找理由，尽早迈出第一步。很多时候，不是因为事情很难，我们才做不好；而是因为你不想做，事情才会变得很难。

　　这是我的一点学习建议。我还是相信，那些在忙碌生活中艰难追梦的人们，如果能够换一种方式"没有时间"，终究会过上自己想要的生活。

时间不够用，是你没有管理好

时间管理，说起来容易，操作起来一点也不容易。生活中有太多的诱惑让我们无法专心致志、一往无前。

但我一直坚信，一个人的成就取决于他24小时做了哪些事情。说时间不够用，其实是你没有管理好时间。时间没有管理好，等于在浪费时间。

大学时的一堂哲学课上，教授在讲桌上放了一个大水罐子，然后又变戏法似的从桌子底下拿出一块刚好可以装进水罐的大鹅卵石，他做完这些以后问我们："你们说，这罐子是不是满的？"

"是！"所有人异口同声地回答。

"你们确定？"教授神秘地笑了，笑得让我觉得大家肯定被他套路了。只见他从桌子底下又拿出一袋碎石子，哗啦啦地倒进大水罐里，然后摇一摇，又加一些，问我们："刚才你们不是说它满了吗？结果呢？现在你们再说，它满了吗？"

有了第一次上当，我们也学聪明了，不敢答得太快。最后，有位学长站起来，用不太肯定的语气答道："也许还没有满。"

"学聪明了！孺子可教。"教授说完，又从桌子底下拿出一袋沙子。我真好奇，难道他的讲桌下面是哆啦A梦的口袋吗？只见他将沙子缓缓倒入罐子中。"现在，你们再回答我，这个罐子满没满？"

"没有满！"大家又一次异口同声地回答。

"不错！看来我教得不错！"我们还没来得及反应，他又从桌子底下拿出一大瓶水，并将水倒入罐子。最后，教授非常认真地问我们："你们学到了什么？"

因为我们不知道他是否又在给我们下套，所以一片沉默。最后有个胆大的人站起来回答："不管生活有多忙碌，工作有多繁忙，就像罐子里的空间，如果安排得当，时间就还是有的。"

教授点头表示认可，随即话锋一转："你说得对，但这并不是我要教你们的。"说到这里，他故意停了下来，扫视着我们，我们都屏住呼吸，看他故弄什么玄虚。没想到他非常认真地讲："我想告诉各位的是——如果你们不先把大鹅卵石放进去，那么以后也许永远也没机会把它放进去了。"

现在我也想问大家一个问题："你是否清楚，什么才是你生命中的鹅卵石？"大家不必急着回答，今晚上床睡觉之前，或是一个人独处的时候，认真思考一下这个问题。

我们常常抱怨时间不够用，似乎每时每刻都有这样或那样的事情抢占我们的时间，让很多应该做的事情一再被拖延。如何彻底解决时间问题，让有限的时间发挥更大的作用？我觉得美国管理学家科维的"时间四象限法"非常值得借鉴。

我们一起来看看四个象限的具体分析。

第一象限：重要又急迫的事

诸如圆满完成工作、说服重要客户等。

这很考验我们的经验、判断力，也是必须用心耕耘的地方。一不小心，我们就很可能会一事无成。事实上，很多重要的事情都是因为我们一再拖延或准备不足而失败的。

第二象限：重要但不紧急的事

主要包括长期规划、问题的发掘与预防、学习力的提升等。

怠慢会使第一象限问题严重，使我们陷入被动，疲于应付生活危机。而多投入一些时间和精力在第二象限这个领域，等于是在为第一象限的事情做好前期准备，使很多危急的事情无从产生。然而，因为这个领域的事情无法给我们制造紧迫感，所以我们必须做到自律，主动去做。

这更是低效与高效的分水岭，建议大家多投入一些精力到这里，以使第一象限的"急事"尽量减少，不再瞎"忙"。

第三象限：紧急但不重要的事

比如有电话呼入、有客人突然来访，都属于这一类。

有些人会错误地将其纳入第一象限，因其"紧急而迫切"。但很明显这些事并不十分重要，就算重要也是对别人而言。我们如果花太多时间在这里，对生命就会是一种辜负。

第四象限：不紧急也不重要的事

比如，和网友天南海北侃大山，阅读令人上瘾而毫无营养的小说，工作时间化妆、美甲、谈情说爱等。简而言之，就是虚度生命的事情。

最后还有两个关键，这是我个人的一点心得：首先，做一件事最好一次把它做好，当再遇到类似事情时，就会熟能生巧，效率自然很高；其次，做"时间日志"。你每天做了什么事情，在这些事情上花费了多少时间，一一详细记录下来，每晚做个总结。不出意外，你会发现你每天浪费了很多时间。当找到了浪费时间的根源，我们才有办法做好时间管理。

时间要怎么用，才能为人生创造高价值

我总是能听到身边的人感慨，曾经的梦想早已被现实磨灭，为了生存耗费掉太多时间，以致根本无法去做自己真正想做的事。然而仔细想想，我又觉得困惑，在这个世界上，面临着生存压力的人何其多啊，但依然有不少人一直坚持着做自己想做的事，为自己的梦想而奋斗，努力过自己想过的日子。

同样是人，同样一天拥有24个小时，大家为什么过上了截然不同的生活呢？或许有人要往出身、家庭、智商等客观条件上扒扯，那么不妨摒弃这些东西，看看周围和我们出身差不多、家庭条件差不多，甚至智商差不多的人，他们之中有很多人比我们成功，有很多人实现了梦想，甚至有很多人做成了一番伟大的事业。那么，问题究竟出在哪里呢？后来，我在朋友秦宁那里找到了这个问题的答案。

秦宁是一名工作分析顾问，前阵子在给一家企业做一个名为

"定编定岗工作分析"的项目。当我和他探讨这个困扰我许久的问题时，他给我看了同一公司同一部门两个不同员工一天的工作日志。在此为了保护员工的隐私，我们暂且以小A和小B来作为这两名员工的称呼。

小A和小B做着相似的工作。这一天，他们两个人面临着同样的工作任务：

1. 做下一个季度的部门工作计划；

2. 约见一名重要客户；

3. 在11：30去机场接机，并将接机对象送到酒店；

4. 去一趟医院看牙医；

5. 到银行办理业务；

6. 下班后参加一个重要的聚会。

我们先来看看小A是怎样做的：

因为前一天晚上睡得晚，所以这天小A起床有些晚。为了避免迟到，他匆忙打车去公司，但紧赶慢赶，最终还是迟到5分钟。

刚进办公室，小A就听到桌上的电话在响，接起来后发现是老板，老板提醒小A明天上午要把下个季度的部门工作计划书交上去。

小A打开电脑，先进入邮箱处理客户和公司的邮件，并打电话一一回复分公司询问的各种问题，回复完最后一个电话的时候，已经是11：00了。小A急忙从公司赶去机场，因为飞机晚点，小A在12：00左右才顺利接到客人。将客人送往酒店后，和客人一起吃了午饭。

午饭吃得非常匆忙，因为小A和客户约见的时间是14：30。因为牙疼，在和客户约谈的过程中，小A状态一直不好，所以双方未能顺利敲定合作细节。回到公司之后，小A刚打算开始做工作计划，又接到银行的电话，催促小A到银行办理业务。到了银行，小A又被告知需要再加一份文件，小A气愤不已，与银行工作人员理论许久未果，只得再次返回公司。

等事情都处理完之后，距离下班只有不到1个小时的时间了，小A觉得很疲惫，完全没有心思做工作计划，于是和朋友打了个电话，聊了一会儿下班后聚会的事。打完电话，看看时间已经差不多快18：00，想到一会儿就要去参加聚会，小A又赶紧打了个电话给牙医，取消了自己今天的预约。

聚会结束后回到家，已经将近23：00了，小A不得不给自己泡了一杯浓咖啡，然后坐在电脑前开始做明天上午要交的工作计划。

再来看看小B这一天的工作行程又是怎样安排的：

前一天晚上睡觉之前，小B花了几分钟，把第二天需要做的事情在脑海里大概过了一遍。

第二天准时抵达办公室后，小B先给各个分公司人员回了电话，通知他们将相关的材料通过电子邮件的方式统一发送到工作邮箱，并告知众人上午不再接受任何其他询问，所有的问题他将会在下午进行统一回复。随后，小B打电话给客户，约定了见面的时间，并将见面地点安排在预订好的酒店楼下咖啡厅；之后小B打电话到机场，再次确定班机抵达的时间；最后又给银行打电话，确定需要办理业务的相关手续和需要准备的材料。

打完电话后，小B将之前已经整理好的零碎资料综合起来，开始做下个季度的部门工作计划，中途除了几个重要的电话，其他事情都暂停。

11：00左右，小B带着去银行办理业务需要的所有文件离开公司。因为知道飞机晚点的情况，所以小B先去了牙医诊所，随后才前往机场接人。小B将客人送到酒店后，同客人一块儿吃了午餐，然后告辞离开。他马上到楼下咖啡厅与约好的客户见面，双方谈得十分愉快。与客户谈话完毕后，小B直接前往银行办理业务。

回到公司后，小B打开邮箱，将各分公司发送来的邮件进行统一处理和安排，并一一回复各分公司提出的各种问题。

17：30，小B接到朋友打来的电话，提醒他记得按时参加聚会。此时，小B已经顺利处理完一天的工作，和朋友闲聊了几句后，到洗手间简单打理了一下自己。下班后，小B神采奕奕地前往聚会。

晚上回到家大约23：00，小B洗完澡，放着音乐，给自己倒了一杯红酒，并在睡前把第二天大概要做的事情都在脑子里过了一遍。

同样的时间处理同样的工作，小A手忙脚乱，甚至还需要晚上回去加班，小B却游刃有余，轻松完成。导致这一差异的，不是双方之间实力的差距，而是双方对时间的安排与利用。

时间是每个人都拥有的东西，但不同的人所拥有的时间，其价值也有所不同。懂得合理安排、高效利用时间的人，时间会成为他手中最宝贵的财富。

时间究竟应该怎么用，才能为我们的人生创造高价值呢？以下几条建议或许会对你有所帮助：

1. 做事之前先计划

要想提高时间的利用效率，就要养成做事之前先计划的习惯。比如你可以在每天睡前用几分钟来安排第二天需要做的事情，将其分为重要的、次要的和不重要的。做事时先将最重要的事情完成，然后再依次完成其他事情。此外，无论做任何事情，都要专心投入，切忌三心二意，这样才能提高做事效率。

2. 以较小的时间单位来办事

在现实生活中，我们通常都习惯以天为时间单位来办事，比如我今天打算干什么，我这几天打算干什么。而许多科学家、企业家则以小时、分钟为单位来办事。像这种以较小的时间单位来办事的习惯，可以帮助我们更加充分地将时间安排、利用起来，尽可能减少其间损耗的时间。这些节约下来的时间单看或许不多，但长期积累下来是非常惊人的。

3. 做任何事都要习惯限时

人的心理是非常微妙的，在做事的时候，一旦知道时间比较充足，注意力就会不自觉地下降，做事效率也会相应降低。但若是时间紧迫，事情已经迫在眉睫，人往往就会发挥出比平时更高的做事效率。所以，我们在做事情的时候，要养成给自己设定时限的习惯，这样能够帮助我们节省许多没必要浪费的时间。

被你浪费的小时间，
正在拉开你与他人的距离

不久前看到一个电视节目，正在介绍一位日本作家。这位作家原本是个平凡无奇的酒吧老板，大学是勉勉强强毕业的，也不曾展露过任何文学天赋或写作才华。

在快30岁的时候，这个酒吧老板突然萌生出写小说的念头。但酒吧的经营工作非常繁忙，他几乎每天都要忙到凌晨才能打烊。营业结束后，也只拥有几个小时的闲暇时间可以放松放松，除了睡眠时间，他还得为第二天的营业做准备。

虽然工作非常忙碌，可自从这个念头萌生之后，这个酒吧老板就再也没办法放弃这个念头了。从那时起，他便每天都利用几个小时的闲暇时间，伏在厨房的饭桌上写小说，一字一句地完成着自己的处女作。

半年后，这个酒吧老板用手写的方式完成了自己的第一部作品，甚至还获得了当时的新人奖，从此正式踏上了写作的道路。

这位酒吧老板就是著名的作家村上春树，而他的这部获奖作品正是《且听风吟》。

一举成名之后，村上春树并未立即放弃酒吧的经营工作，而是继续每天都只利用零散的闲暇时间进行创作。直到三年之后，村上春树真正确定了自己的目标，才正式成为一名职业作家。

在为生存忙碌的同时，我们每个人也都曾像村上春树那样，萌生过这样或那样的小念头，想要学习弹钢琴、想要拿起笔在纸上绘画、想要作一首诗、想要亲手雕刻一件工艺品……然而，真正能将这些小念头付诸实践甚至坚持下去的人，总是少之又少。

我们总是用各种各样的借口安慰着自己：我太忙了，根本没有时间；每天都这么累，哪有精力再去做别的事情；算了，既然没有这个天赋，又何必浪费时间……可事实上，我们真的那么忙碌吗？真的完全没有时间吗？不曾努力也不曾尝试过就放弃的我们，之所以会失败，真的只是因为没有天赋吗？

生活与梦想未必就一定是道单选题，哪怕在为生活奔波忙碌，我们其实也可以去触摸梦想的边缘。就像村上春树，经营酒吧对他来说或许是为了生存而不得不做的事情，而写一部小说，成为一名作家，于他而言则是一个梦想。在生活与梦想之间，他认认真真地将每一天的闲暇时间都利用起来，一点一点地靠近着梦想。也正是这些看似不起眼的小时间，一点一点为他垒起了梦想的高塔。

生活就是这样奇妙，我们只有在不停努力前行的时候，才会慢慢看见终点的方向。没有多少事情是一蹴而就的，当我们铆足了劲儿想要干点什么的时候，往往可能在一时的热忱退却后便不了了之了，反而是那些闲暇时候的持之以恒，却可能改变我们的一生。

如果你喜欢在闲暇时吃吃喝喝，那么你可能在不知不觉间就成了一名美食家；如果你喜欢时不时地上网购物，那么久而久之你可能就成了一名网购达人；如果你喜爱阅读，那么天长日久必然会收获许多知识；如果你热衷听课，那么自然而然就会具备极强的思辨能力。

永远不要小看那些穿插于生活中的零散时间，很多时候，正是这些容易被浪费的零散时间，一点点拉开着人与人之间的差距。量变终究会引发质变，生命有限，每一分钟每一秒钟都如同金子一般珍贵，懂得将这些零散时间好好利用起来的人，往往会创造出令人惊讶的奇迹。

说到这儿，我不由得想起了我的小侄子和小侄女。

因为小侄子和小侄女年岁相当，在同一所学校的同一个班级上学，两家又住同一个小区，所以俩小孩从小关系就很亲密，每天一起上学放学，就连家教都是一块儿请的。

起初，小侄子和小侄女的成绩不相上下，在学校里也都名列前茅。可一个学期下来，到期末考试成绩出来后，小侄女竟然比小侄子高出了不少分，在班级里的排名也拉开了近十名的差距。

大家对小侄女的进步都感到不可思议，这俩孩子明明上课下课都在一块儿，就连回家做作业、周末补课，都是约着一起进行的。平日里也不见小侄女比小侄子多花什么时间去学习，莫非真是智商方面的差异？

面对家里人的疑惑，小侄女却理所当然地表示："我本来就比弟弟花在学习上的时间多，比他进步大很正常呀！"

接着，小侄女自豪地向我们展示了她放在口袋里的各种小"法宝"：一小沓写着英文单词、古诗词以及数学公式的小卡片。

小侄女认真地说道："虽然我每天都和弟弟一块儿上学、放学，一起做作业，一起补课。弟弟看动画片的时候我也在看，弟弟周末出去玩的时候我也在玩，但实际上我花在学习上的时间，每天都至少比他多一个小时。这些小卡片我每天都会带一些在身上，没事就掏出来，背三五个单词，或者复习一条公式。比如等公交车的时候，和同学跳皮筋还没轮到我的时候，还有上厕所的时候，看动画片时中间播放广告的时候……这些时间看上去虽然很零散，但一整天下来，其实也可以做很多事情。至少每天我就能比弟弟多背几个单词、多背一条公式。这样算下来，一个月我就能比弟弟多背好几十个单词、好几十条公式，那么一个学期下来不就更多了吗？所以，我比弟弟进步大，不是很正常的事情吗？"

就像小侄女说的，那些零零碎碎的时间，看上去似乎很不起眼，十几分钟，甚至是几分钟，似乎并不能做多少事情。但如果我们能把一整天的零碎时间都利用起来，然后坚持下去，慢慢积少成多，那么这些时间将会有多少呢？就像小侄女背单词，利用零零碎碎的时间，她每天或许能比小侄子多背两三个单词，两三个单词看上去确实不多，但如果长久地坚持下去呢，一个星期就是二十几个，一个月就是八九十个，那么一年呢？两年呢？十年呢？

所以，别再懒散了，赶紧行动起来吧！一寸光阴一寸金，寸金难买寸光阴。很多时候，正在拉开你与别人距离的，恰恰就是那些容易被你忽略甚至浪费的零散时间。

用强迫性"现在就做"
治愈习惯性拖延

　　办公桌上堆叠的材料凌乱不堪，早就说要整理却迟迟没有动手，直到找不到需要的文件才不得不开始收拾；昨天计划要做的工作迟迟没有动手，今天又接到了新的工作，拖拖拉拉到了明天，才发现手头的工作已经堆积如山；办了健身房的会员卡，想要通过加强锻炼来强身健体，却又一次次找出忙碌的借口而放弃，直到某天才发现办的会员卡早已过期……你有没有碰到过这样的情况？若它们时常出现在你的生活中，说明你已经被"拖延"缠上了，若再不提高警惕，你将被拖入失败的泥淖，在"明日复明日"的挣扎中一事无成。

　　某机构曾做过一项调查，结果显示：职场中有54%的人不管做什么事，都可能会出现拖延的情况；有35%的人会在日常生活的琐事上出现拖延的情况；有24%的人会在某些小事上存在拖延问题；有10%的人就连在处理重大事务时也有拖延的习惯。

拖延已经成为一种"流行病"，成为阻挡我们走向成功的大敌。因为无论做什么事情，想要获得成功，除了有周全的计划，最关键的一点就在于执行到位、落实彻底，所以若想成功，首要前提就是必须克服拖延。

想要克服拖延，最有效的方法就是养成"现在就做"的习惯。无论发生什么事情，都不要给自己找任何拖延的借口，我相信，人生不会时时刻刻都爆发出性命攸关的紧急事件，既然性命无忧，那么不管有什么理由，不妨都请放一放，立即去将你计划要做的事情做完。否则，你将永远有各式各样的理由成为你拖延的借口。

对此，我深有感触。那是前几年我在一家公司上班时，某天接到老板安排的任务，让我在一周之内起草完成一份与某公司合作的销售合同。这项任务在我看来简直就是小菜一碟，不过就是起草一份销售合同罢了。我手边就有不少可以参考的模板，何况还有整整一周的时间，完全不用着急。

接到任务的第一天，虽然不怎么忙，但手头上也确实还有一些工作。于是我想，合同的事不用着急，先放一放吧，明天再说，反正这事做起来也快。

第二天，刚上班我就接到一个客户的电话，然后赶去处理突发的事故，结果耽搁了一上午。等下午上班的时候，我总要先把本该完成的工作给做了，于是合同的事自然又被继续推迟。

第三天，我正打算开始起草合同的时候，一个同事过来找我帮忙，我一瞧，也不是什么大事，反正距离一个星期的期限还有四天呢，不急……

之后，每天我都会遇到各种各样的突发状况，比如朋友邀请的聚会、客户张罗的饭局、突然增加的新工作等。就这样，一直等到第六天，我的那份合同还没有开始起草。那时候我倒也不怎么着急，心里想着，等晚上回去加个班，立即动手，明天一早准能交上。

等我终于开始动手起草合同的时候，才发现这件事情其实并不像我想象的那样容易，虽然有模板可以参照，但其中涉及许多我并不怎么熟悉的领域，还需要不少实证数据作为支持。

我加班加点，花了一个通宵，却起草出一份不尽如人意的合同，其中错漏百出。虽然事后老板给我面子，只在私下里批评了我一通，没有给予什么惩罚，但我确实羞愧得无地自容。如果在接到任务的第一天，我就立即行动起来，没有因为任何借口而拖延，我一定可以顺利完成这项工作，给老板交出一份满意的答卷。然而，就因为拖延的恶习，我失去了一个证明自己的机会，犯了一个本不该犯的错误。

记得曾在《财富》杂志上看到过这样一句话："70%的企业失败的原因不是它们缺乏好的战略，而是缺乏有效的执行力。"这个道理放在个人身上也是一样的，无论是在工作上还是在生活中，有再多的奇思妙想、再精彩的绝妙计划，如果不能有效地执行下去，那么一切就都只会是空谈和妄想，而阻止我们顺利实现有效执行的，正是拖延。

试想一下，我们无论接到什么工作、无论萌生出什么想法、无论遇到什么事情，都立即行动起来，马上去做，又怎么会出现拖延的情况呢？如果我们可以把每一件事都在规定的时间与计划内完成，真正做到今日事今日毕，那么无论工作还是生活，自然都能安排得井井有条，不会再有堆积如山的事情将我们逼得手忙脚乱。

在现实生活中，每一个能够成功的人必然都具备各种各样的优秀品质，但这些成功人士必然都具备同样一个优点，那就是做事决不拖延。曾经有人做过一份关于财富和成功的分析报告，报告显示，那些能够在生活和事业上取得成功的人，几乎都有一个共同的习惯，即遇事时会迅速下定决心，执行时决不拖延。而那些在生活和事业上容易失败的人则在遇事时往往犹豫不决，哪怕最终下定决心，也容易拖泥带水，甚至朝令夕改。

可以这么说，拖延常常是一个人失败的主因，无论做什么事情，如果想要获得成功，我们就必须治愈"拖延症"。只有养成"现在就做""立即行动"的好习惯，不再犹豫不决，我们才能抓住人生的机遇，在有限的时间里创造最大的价值。

反常态

当思维被颠覆，我们才能找到更多的出路

定式思维是阻碍人类前进的重要因素，如果凡事都按照惯例来做，那么今天我们也许还生活在树上。正是因为有人敢于颠覆定式思维，才有了我们今天的生活。我们想要提升自己的能力，同样不能被定式思维所束缚，要尝试打破固有的想法。

定期整理我们的大脑，
比整理任何东西都重要

　　房间太乱，住在里面的人就很难舒心，因为总要把大把的时间浪费在找东西上；桌子太乱，工作的人就很难静心，明明记得放在手边的东西，一转眼就可能摸不着了；大脑太乱，一个人干什么都不会顺心，只能被大堆不分轻重的糟心事牵着鼻子走。

　　爱因斯坦曾说过："只有天才能支配混乱。"爱因斯坦的确是天才，据说凌乱就是他办公桌的一大特色。他虽然不喜欢整理办公桌，但一直会定期整理自己的大脑。

　　有一次，记者在采访爱因斯坦的时候，向他提出请求，想要参观一下他的实验室。一开始，爱因斯坦拒绝了记者的请求，并表示实验室没有什么值得看的东西。可记者并未因此放弃这个想法，并坚持认为，作为一位如此伟大的物理学家，爱因斯坦的实验室一定有特殊之处。最后，在记者的一再请求下，爱因斯坦还是答应了。

实验室确实如爱因斯坦所说，并没有什么特别的。但墙角的一个垃圾篓引起了记者的注意，这个垃圾篓非常大，里面装满了揉作一团的废纸。

"为什么您需要这么大的垃圾篓？这些作废的纸团都是什么？"记者好奇地问爱因斯坦。

"看，这就是我的科学装扮。"爱因斯坦一边说一边掏出一支钢笔，然后又指了指装满纸团的垃圾篓，"我的脑子里有时会闪过一些想法，为了避免它们转瞬即逝，我会立即用笔将这些想法记录在纸上，然后再看着这些记录进行思考。如果这些想法是有用的，我就会把它们留下来；如果这些想法没有什么作用，我就会将它们揉作一团丢进垃圾篓。"

爱因斯坦还告诉记者，将自己的想法记录下来，然后再进行系统的思考与甄别，可以帮助大脑及时过滤掉一些没有用的东西，保留有用的东西，让大脑变得井井有条。只有时时把大脑整理好，我们才能避免让思维陷入混乱，更好地主导工作和生活。

经常使用电脑的人都知道，为了保证电脑良好的运行状态，必须定时对电脑进行清理，如果硬盘上保存的东西过多，就会影响电脑的正常运行。人的大脑也同样如此，每天都会主动或被动地纳入许多信息，这些信息既包括有用的，也包括完全没用的。为了让大脑保持清醒，同时也减轻大脑的负担，我们必须学会定期整理自己的大脑，将接收到的信息分类整理，保留有用的，删

除无用的，避免让不必要的冗杂信息干扰我们正常的工作与
生活。

我们讲的整理大脑，主要指的是整理我们的思维与想法。很
多时候，当在某件事情上陷入死胡同，找不到出路的时候，如果
我们跳出原本的框架，从头开始再把事情整理一遍，往往就可能
取得突破性的进展。因为在整理的时候，我们总能发现一些当初
没有留意的细节，重新捋顺自己的思维，从而发现新的突破口。

刘易斯·沃克是美国财务顾问协会的前总裁。有一次，一位
记者在采访他关于稳健投资计划的基础问题时问道："到底是什
么原因导致人无法成功呢？"

沃克回答说："模糊不清的想法和目标。"

记者一脸疑惑，请沃克进一步解释。

沃克说道："几分钟前我曾问你有什么目标，你告诉我说，
希望有一天能够拥有一栋山中小屋，这其实就是一个模糊不清的
想法和目标。你说'有一天'，可到底是哪一天呢？这不够明
确，所以成功的机会不大。如果你真的希望拥有一间山中小屋，
那么你应该先去找出那座山，然后计算出得偿所愿需要花多少钱，
接着再进行计划和安排，比如每个月要存多少钱，到什么时候实现
目标等。你只有整理清楚自己的想法和目标，才有可能让梦想变为
现实。如果只是随口说说，那么你永远都不可能成功。"

想法和目标清晰了，我们在做事情时才不会"抓瞎"，知道

这一步该做什么、下一步该做什么，从而循着计划一步步抵达终点。所以，无论做什么事情，我们都不妨先花一些时间，将自己的大脑整理一下。正所谓"磨刀不误砍柴工"，讲的就是这个道理。

房间需要时时整理，住的人才能随心舒适；桌子需要时时整理，工作才能有条不紊；大脑需要时时整理，人生才能稳扎稳打、日益精进。

误将"经验"当作"事实"，
是很危险的事

　　很多时候，经验对于我们来说确实是有大帮助的，它可以让我们少走很多弯路。但如果我们过分依赖和迷信经验，就会让经验变成束缚，把我们的思维圈禁在一个狭小的范围里，让我们找不到出路。

　　所以，在做事的时候，我们不要过分依赖经验，要懂得用自己的智慧去思考和分析，勇于求证。若是草率地将"经验"当成"事实"，那将会是一件非常危险的事。

　　一艘远洋邮轮不幸触礁，幸存的九名船员拼死登上了一座孤岛。然而，岛上的情况远比他们想象的要更糟糕，因为这座孤岛上全是石头，没有任何可以用来充饥解渴的东西。换言之，虽然登上了孤岛，但对于船员们来说，他们和漂荡在大海上没有什么差别。

　　烈日炎炎，船员们很快就感觉到了身体缺水的痛苦，虽然他们周围便是海水，但又苦又涩的海水根本不能喝。如今，除非老天突然下场雨，或者有路过的船只发现他们，否则他们依然没有生还的希望。

在煎熬中经过漫长的等待后，8名船员相继渴死了，最后活着的那名船员也只剩下一口气。在快要渴死的时候，这名船员终于忍受不住煎熬，挣扎着爬到了海边，一头扎进海水里，张开嘴咕嘟咕嘟地喝了一肚子水。入口的海水不仅没有丝毫苦涩，反而甘甜解渴。船员一边喝一边想：这大概是临死之前出现的幻觉吧！

喝完海水之后，这名船员本打算静静地躺在孤岛上等死，然而一觉醒来，他却发现自己依然活得好好的。船员很惊讶，赶忙扑到海边，又尝了一口海水，这才发现，这里的海水居然真的如同山泉一般甘甜！

几天之后，正好有一艘船路过，这名船员终于获救了。后来，人们通过化验研究后发现，原来这里有一个泉眼，一直在源源不断地涌出地下泉水。也就是说，这座孤岛周围的海水实际上并不是真正的海水，而是地下涌出的泉水。

泉水就在身边，但船员们因为笃信自己的经验而相继渴死，这是多么可惜的事情啊！试想一下，如果当时有人肯去尝试一下，这样的悲剧还会发生吗？

在生活中，我们又何尝不是如此呢？随着知识的积累、经验的丰富，我们变得越来越循规蹈矩，用各种条条框框将自己限制在其中。所谓"习惯成自然"正是如此。但很多时候，我们想要进步、想要突破，恰恰正是要打破这种"习惯"，屏弃以往的"经验"。

几年前，我曾参加过一位销售大师开办的课程。这位销售大师给我们一众学员讲了一个故事：

为了扩大产品销售市场，某鞋业公司决定把鞋子卖到非洲的某个国家，并派出了两名员工前往该国考察市场。

市场考察结束之后，总裁将这两名员工叫来，询问他们考察的结果。一名员工斩钉截铁地表示："那个国家根本就没有鞋业市场，因为那里的居民根本就不穿鞋，所以公司应该换一个目标！"但是另一名员工却说："这个国家的居民居然都没有鞋穿，鞋业市场潜力巨大，公司应该立即行动，抢占市场！"

总裁想了想，便将这个市场开拓计划交给了第二名员工负责。这名员工抵达非洲之后，首先拜访了当地的部落酋长，争取到酋长的支持与合作。随后，他又走访了不少地方，同当地居民进行面对面的交流，耐心十足地给他们讲解穿鞋的好处，以及该如何穿鞋。

在这名员工的讲解和劝说下，当地很多人都对穿鞋这件事产生了兴趣，但很快，他们就提出了两个不得不面对的现实问题：一是当地人的脚普遍都比较小，普通的鞋子恐怕不太适合他们穿；二是当地人非常贫困，根本就拿不出钱来为自己购买鞋子。

对于这些担心，这名员工很快给出了解决方案，他说："脚小的问题不难解决，我们公司会根据你们的脚的特点来重新设计鞋子，让你们穿得合适舒心。另外，我发现你们这里盛产菠萝，而且味道比其他地方都要甜。虽然菠萝不是硬货币，但我们公司可以帮助你们将这种菠萝出口，换回外汇。这样一来，你们有了增加收入的渠道，自然也就有钱来买我们的鞋子了。"

这名员工根据自己调查到的情况做了一份详细的市场开拓计划报告，并测算出在未来三年内公司开拓该市场需要投入的成本和收益，估计资金回报率至少可以达到30%。很快，该公司便决定开发这个市场。

讲完这个故事后，销售大师告诉我们："商机往往藏在经验之外，想要抓住它，你就必须打破所谓的'常识'和'想当然'。一个地方的人没有穿鞋的习惯，不意味着他们就一定不需要鞋；一个地方的人掏不出钱来购物，也不意味着他们身上就不存在商机。所以，不要轻易地将'经验'当作'事实'，那将会僵化你的思维、限制你的发展。"

想要获得胜利、缔造辉煌，我们就必须打破惯性思维，跨出经验的泥潭，从客观事实中寻求真相与答案。要知道，再宝贵的经验，也永远不能代表事实，别让自己成为经验的"奴隶"。

运用创新型思维，
跑在他人之前

有一则新闻，说某地一个农户种植了一种新品种的葡萄，因为该葡萄在市场上广受欢迎，所以这个农户大赚了一笔。于是第二年，当地许多农户都跟风种植这种葡萄，结果导致市场上同品种的葡萄太多，供过于求，所以农户们只能赔本甩卖。

类似这样的事情在生活中很常见，很多人看到别人做什么做好了，自己便也心动地跟着去做。当然，只要你动作够快，这种跟风行为有时也确实是可以获利的。但很显然，比起跟风者来说，真正能得到最大好处的，永远是走在最前头、率先去做这件事的那个人。

这好比去挖宝藏，你找到一个新的市场，在你到来之前，这个市场是没有别人涉足的，那么不管它底下埋藏的宝藏是多是少，你都可以放开手脚去挖，占据宝藏最多最好的部分，没有人和你抢。但你挖到宝藏之后，别人也知道了这个市场，如果大家都涌进来了，彼此之间的竞争也就激烈了。此时，你除了要费尽心思地去挖宝藏，还得提防别人争抢。

可见，想要占据最多的资源、赢得最多的利益，关键不在于你有多少战斗力，而是你有多少创新力。运用创新型思维，我们才能走在他人之前，开拓新的市场，发掘新的宝藏，为人生找到新的出路。

保罗·高尔文是某著名企业的创始人和缔造者之一。有一次在接受采访的时候，一位记者向他讨教成功的秘诀，当时，高尔文给记者讲述了自己年幼时卖爆米花的故事。

高尔文出生于一个平民家庭，家里不算富裕。10岁那年，高尔文在一个名叫哈佛的小镇上读书。那时候的哈佛镇位于铁路的交叉点上，是火车在旅途中加煤和加水的一个临时停靠点。当时，为了赚零花钱，很多孩子会趁机到火车上向乘客兜售爆米花，高尔文也不例外。

由于兜售爆米花赚零花钱的孩子非常多，为了争抢顾客，孩子们常常会爆发出一些"战事"。和其他冲动的少年不同，那时的高尔文已经展露出了高超的情商和社交手段，每当"战事"烧到他身边的时候，他总能迅速和对方达成和解。高尔文还常常告诫他的小伙伴："不要总是和别人发生冲突，这样弄下去，谁也做不成生意。"

虽然高尔文从不和别人争抢，但他的爆米花生意始终是最好的，因为他总能想出不少别出心裁的主意吸引顾客的注意。比如在其他孩子还苦苦利用篮子等常规工具来搬运和售卖爆米花的时候，他就已经搞了一个爆米花摊位，用车推到火车站或马路上叫卖；在其他孩子还售卖着最普通的天然原味爆米花时，他已经开始往爆米花里加奶油和糖，制作出了别具一格的奶油爆米花。

在1910年的时候，哈佛镇下了一场大雪，几列火车被大雪堵在了这里。在其他人还没反应过来的时候，高尔文已经赶制出了许多三明治，拿到火车上向乘客兜售。虽然这些三明治的味道很一般，但还是被饥肠辘辘的乘客迅速抢购一空，高尔文也因此发了一笔小财。

夏天的时候，高尔文又"研发"了新产品，他设计了一个可以用吊带挎在肩膀上的半月形箱子。箱子中部有个小空间，里头用来放冰激凌，箱边上则挖个小洞，用来堆放蛋卷。整个夏天，他便背着自制的小箱子到火车上兜售新鲜的蛋卷冰激凌，可想而知，他的生意有多火爆。

到后来，越来越多的人发现了火车上的商机，不仅镇上的孩子，就连许多相邻乡镇的人也纷纷加入了竞争行列，致使局面越来越混乱。聪明的高尔文敏锐地意识到，这一局面不会持续太久，于是果断退出了竞争，开始去想别的主意赚钱了。不出他所料，很快车站就贴出了通告，禁止民众再到车站或火车上向乘客兜售商品。

　　从高尔文的爆米花生意中不难看出，他的生意之所以能比其他人做得好，不是因为他有多硬的拳头，或他能卖出多实惠的价格，而是因为他一直在创新，一直走在其他人的前面。别人提篮子的时候他推车，别人还在卖普通爆米花的时候他已经推出了奶油爆米花，大雪封路的时候，别人还没反应过来，他已经把三明治递到了顾客眼前……

　　所以说，创新就是竞争的最大优势，你能比其他人新、比所有人快，你就能在他人之前赶到终点，赢得最大的利益。

　　那么，我们该怎样培养创新型思维，以便能够跑在他人的前面呢？

1. 培养想象力

　　想象力是创新的基石，要想培养创新型思维，培养想象力是非常必要的。哲学家狄德罗就曾说过："想象，这是一种特质。如果没有它，你既不能成为诗人，也不能成为哲学家、有思想的人、一个有理性的生物、一个真正的人。"

　　想象力的培养往往是从模仿开始的，你的模仿能力越强，你的想象能力也就越强。在模仿的过程中，我们会逐渐认识事物之间的某些必然联系。当我们开始不自觉地将一些有联系的事物进行对比时，想象也就展开了。

除了模仿，丰富的知识经验与敏锐的观察能力也是想象力培养必不可少的重要因素之一。想象是客观事物在大脑中的一种再反映，并非凭空产生的东西，所以你的知识越丰富、经验越多，你的想象力也就能驰骋得越广阔。而敏锐的观察力能够帮助我们迅速建立起事物与大脑记忆的关联，从而促进想象力的产生与发展。

2. 养成批判的思维方式

创新意味着你要打破一些传统的、固有的东西。所以，我们要想培养创新型思维，就必须先养成批判的思维方式。尤其是在面对一些约定俗成或"显而易见"的结论时，只有敢于带着怀疑与批评的眼光去看待，我们才有可能找到新的出路、得出新的答案。

3. 保持好奇心

好奇心是创新型思维的源泉和动力，一个人如果失去了好奇心，也就失去了创新的能力。这其实不难理解，好奇心促进探索，当失去好奇心之后，我们自然也就不会再去主动进行探索，只会被动地接受观念的束缚、陷入固有的思维框架中。

　　所以说，要想培养创新型思维，我们就必须要让自己保持好奇心。这是促进我们学习与探索的内在动机之一，也是创新型思维非常重要的核心内容之一。

学会反向思考，
寻找常规思路的突破口

有一部电视剧，剧中的主角是一名状师，他因"嘴快善辩"而出名。在某个案子中，他的对手针对他的这一特点，找来了五名状师，组成"状师团"对付他。一张嘴，再怎么快也不可能快过五张嘴，可想而知，这位状师因此惨败。

为了对付对手，一开始，这位状师想的是：我必须比他们更快！于是他开始想尽办法练习自己的语速。但很显然，他的语速再怎么快，也不可能快过五张嘴的联合。然后，他又想：不如效仿对手，也给自己找个搭档，但问题是，临时找来的搭档，又怎么可能和自己有默契呢？就在陷入绝境之际，他突然灵光一闪：既然比快比不过，那为什么不和他们比"慢"呢？

后来，这位状师以"慢"制"快"，硬生生用一板一眼、慢慢悠悠的策略把"状师团"给"熬"崩溃了，并趁他们阵脚大乱之际找到对手话语中的漏洞，转败为胜。

很多次，我们在遇到问题的时候，往往都会习惯性地按照一般的思维方式去跟着问题走。比如对付善辩的人，我们往往首先想到的，就是找一个更善辩的人去对付他；对付能打的人，那当然就是找一个更能打的人去打服他。可并非所有问题我们都能通过"打直球"去战胜对方，我们不可能每次都找得到比对方善辩、比对方能打的人，这种时候又该怎么办呢？

在回答这个问题之前，不妨先来看一个真实的故事：

大家应该都用过圆珠笔吧，这种笔是匈牙利人在20世纪40年代发明的，因为它便于携带又方便书写，所以一经问世便风靡全球。

但很快，人们就发现圆珠笔存在一个致命缺陷。在使用一段时间之后，它就会出现漏油的毛病，一不留神就把口袋和纸张弄脏了。这一缺陷让原本受人欢迎的圆珠笔陷入了滞销状态。

虽然确实存在问题，但不可否认，圆珠笔真的是种很好用的书写工具。因此，包括圆珠笔发明者在内的许多人针对漏油问题进行了深入研究，试图改变圆珠笔的这一缺陷。

很快大家就找到了圆珠笔漏油的原因所在。原来，圆珠笔的笔尖是个小圆珠，在书写的时候，小圆珠会受到磨损，当磨损到某一程度的时候，油墨就会顺着小圆珠被磨损的部位漏出来。为了解决这一问题，大家想尽办法去改善笔尖小圆珠的耐磨性。但很快，人们发现，这个问题比想象中要更难解决，他们才刚把笔尖小圆珠在书写时的耐磨问题解决，笔尖小圆珠与笔杆接触时的磨损问题又冒出来了。结果，不管怎么努力，人们都始终没能找到一个完美的解决方案。

　　来自日本的中田藤三郎也是研究圆珠笔漏油问题的人之一，他非常看好圆珠笔的市场潜力。他先是分析了圆珠笔的结构，找出问题所在，然后又根据之前许多人改进漏油问题的失败经验做出一些总结，最后通过反向思考，找到了一个防止圆珠笔漏油的方法。中田藤三郎迅速将这一方法应用到圆珠笔的生产中，并一举占领了世界圆珠笔市场，获得了巨大的利润。

　　令很多人意想不到的是，中田藤三郎想到的解决办法其实极其简单，他并未像其他人一样，把研究重点放在笔尖小圆珠上，而是另辟蹊径，在笔芯上做文章。他很清楚，既然这么多人都解决不了笔尖小圆珠的耐磨问题，那么他再去研究恐怕也是浪费时间。既然磨损问题解决不了，那么能不能不解决呢？在磨损到出问题之前就把它替换掉，不就可以绕开问题了吗？

　　萌生出这个想法之后，中田藤三郎开始进行反复的试验，统计圆珠笔写到多少字之后会开始出现漏油问题。在掌握了大概的数据之后，他开始着手控制笔芯中的装油量，将其减少到在圆珠笔磨损得开始出现漏油问题之前就已经用完，这样圆珠笔自然也就不再存在漏油问题了，使用者只需再替换一支新的笔芯即可。

　　瞧，换一种思维方式，你会发现，面对眼前的大山，不一定非得翻越它，你还可以选择绕过它。

当大家发现圆珠笔漏油是因为笔尖小圆珠磨损时，就顺理成章地认为，要解决漏油问题，那就必须解决笔尖小圆珠磨损的问题。这其实就是一种思维定式，人们在不知不觉中将圆珠笔漏油和笔尖小圆珠磨损这两件事情等同起来了，但实际上，这两件事虽然有必然联系，但要解决第一个问题，未必就一定需要解决第二个问题。中田藤三郎正是意识到了这一点，跳出了这个思维定式，利用反向思考的方式找到了第二条出路——让圆珠笔的笔芯变短，在磨损问题出现之前就结束圆珠笔的寿命，直接规避了问题，绕过了"大山"。

要想打破这些条条框框的限制，我们不妨试着跳出传统的思维习惯，从现有的思路返回，进行反向思考，从与之相反的方向去寻求解决困难的办法，从而寻找到常规思路的突破口。

颠覆由质疑而开始，
创新自问题而诞生

偶然在一本书上看到这样一个问题：提出一个难题的人和解决这个难题的人，谁更聪明？

事实上，爱因斯坦或许早已经给出了答案，他曾说过："提出一个问题往往比解决一个问题更重要，因为解决一个问题也许仅仅是一个数学上或实验上的技能而已。而提出新的问题、新的可能性，从新的角度看旧问题，却需要有创造性的想象力，而且标志着科学的真正进步。"

一位心理学家也通过研究得出了这样的结论："意识到问题的存在是思维的起点，没有问题的思维是肤浅的思维，当个体感到自己需要问'为什么''是什么''怎么办'时，思维才算是真正发动了，否则，思维很难展开和深入。"

著名的哲学家罗素曾问过另一位著名的哲学家穆尔这样一个问题："你最好的学生是谁？"

穆尔毫不犹豫地给出了答案："维特根斯坦。"

罗素追问："为什么？"

穆尔说："因为在我的所有学生中，只有他一个人在听我讲课时总是流露出迷茫的神色，并且总有一大堆的问题。"

后来的事实也证明，穆尔的眼光的确十分精准，他的学生维特根斯坦的名气甚至超过了罗素。有趣的是，后来有一个人问了维特根斯坦这样一个问题："你认为罗素为什么跟不上时代了？"

维特根斯坦的回答十分有意思，他说："因为他没有问题了。"

当一个人不再有问题和质疑的时候，就意味着他已经习惯并接受了自己所处的环境、所熟知的思想。换言之，他的思维已经被限制在了一个框架之中，难以再有创新和突破了。就如苏格拉底所说："问题是接生婆，它能帮助新思想诞生。"

当你想要打破一种固有的认知，或是一个已经被大多数人认可的观念时，你首先要做的，就是打破它。先破而后立，是说只有破除固有的东西，新的东西才能有生存的空间。而要打破固有的东西，自然是从质疑开始。大胆找到存疑的点，提出问题，实现颠覆，才能创新。

很多心理学家认为，科学上大部分的重大发现与发明创造，与其说是解决问题的人促进的，倒不如说是由那些问题的寻求者促进的。相比那些解决问题的人来说，提出问题的人才是当之无愧的开拓者，正是因为有这样一群敢于质疑、敢于提出问题的人，我们才能一次次打破传统，实现超越。

2000多年前，屈原曾面对苍穹，发出《天问》，问天、问地，问人情伦理、世道沧桑，而这些问题在后来也都成了无数科学家和哲学家研究思考的课题。这些科学家和哲学家的贡献固然值得历史铭记，但是若没有屈原的发问，没有屈原对天地、人伦的种种质疑，后世的他们又怎么有研究和解决问题的机会呢？就像巴尔扎克所说："打开一切科学的钥匙是问号。"

还记得多年前，我在求学时曾发生过这样一件事：

一次物理考试过后，老师在课堂上讲解试题上最后一道附加题时，告诉大家，这道题是一道物理竞赛的题目，是一位很厉害的物理学专家出的，有一定的难度。在这次考试中，全年级没有一个人做对这道题。

大概因为题目本身就有些超纲，加之高考也不会涉及，所以老师只是迅速把解题步骤写在了黑板上，让有兴趣的同学自己抄一下，并没有打算当堂进行讲解。

抄完解题步骤之后，我和几个同学一起研究了这道题目很久，其中有一些问题怎么也想不通。就在这个时候，一个同学提出了质疑，认为这是一道错题，是根本解不出来的，解题步骤里的某些条件题目中根本就没提到。

听到这样的质疑，当即就有几个同学冷嘲热讽地否定了他，说这道题可是物理学专家出的，总不能自己脑子不够用还把"锅"甩给专家背吧！

那时候，我其实也怀疑可能是题目出了问题，但内心又觉得，或许是因为自己没想透，所以一直没说出自己的猜测。

令人意外的是，那位提出质疑的同学很不服气地找到老师，把自己的怀疑说了出来，老师在仔细看了一遍题目之后才发现，原来当时在出卷子的时候排版出了问题，误删了原本题目中给出的一个很重要的条件。如果缺了这个条件，这道题确实是无解的。

虽然已经时隔多年，但每每想起这件事，我心中依然很受触动。人们因为对于权威总是本能地敬畏，所以会不自觉地去遵从它、相信它，有时即使产生了疑虑，也会立刻进行自我否定。然而，很多时候，若是没有质疑权威的勇气，我们就只能一直被禁锢在这种固有的思维之中。只有打破"权威"这个坚固的牢笼，我们才有可能找到新的出路，拥抱更高更远的天空。

亚里士多德曾经说过："思维是从疑问和惊奇开始的。"有了质疑和问题，人们才会去思考、去寻求解决问题的办法，从而打破桎梏，实现创新。

一个敢于提出质疑和问题的人，必定是一个乐于思考的人。也只有这样的人，才不会因循守旧，将自己局限在固定的思维框架中。也只有这样的人，才拥有颠覆与创新的能力，成为新时代的开拓者。

要知道，人生从不存在真正的绝境，当你找不到前进的路时，或许只是因为陷入了固定的思维模式中，自己将自己禁锢了起来。这时候，你应当做的是，一边思考一边去突破那些看似不可动摇的"铁律"，在质疑中探寻出新的思路，为自己开拓出一条更好的路。请记住，颠覆由质疑而开始，创新自问题而诞生。

忌穷忙

合理规划人生，
对穷忙说 No！

穷忙，这两个字形象地描述了人们
忙碌却又一无所获的状态。都说天
道酬勤，那么穷忙能算是勤吗？显
然不是。勤，不一定指的是身体，
更多时候指的是头脑。只有让头脑
转动起来，我们才能摆脱穷忙。

有技巧地储蓄，
让存款利息最大化

在一切的投资理财计划中，储蓄都是极为重要的一个环节。可以这么说，储蓄是所有投资的前提。但现在，随着各种投资理财手段的层出不穷和消费观念的改变，很大一部分年轻人逐渐弱化了储蓄的意识。

我身边就有不少这样的朋友，比如我的老同学肖玲，一位时尚漂亮的女白领，她收入不低，但从来都没有储蓄意识，甚至还常常利用信用卡消费"未来钱"。每到月底，我只要见到肖玲，必然能看到她捧着数额巨大的信用卡账单"哀号"不已，连连发誓要"剁手"。然而，无数次发过誓要"剁手"的她大概就是传说中的"千手观音"吧，每每这个月发完誓，下个月同样的场景又会上演一遍。

储蓄是一件非常重要的事情。众所周知，想要积累财富，就离不开投资理财。只有懂得合理规划财富，我们才不会穷忙一场。但既然要投资理财，那么手里肯定得有资本，如果缺乏储蓄意识，从开始领工资就入不敷出，甚至是资不抵债，那么资本又从何处而来呢？没有资本，那还谈什么投资、谈什么理财？所以说，储蓄是一切投资的前提。在规划财富之前，我们得先想办法积累财富，而积累财富，储蓄自然是关键。

储蓄是一种习惯，是一种积少成多的"游戏"。人的一生中，最赚钱的黄金高峰期大约是30岁到50岁之间的20年时间。一个人在30岁之前的那段时间，刚刚开始工作，收入有限并且不稳定；而50岁之后则是家庭负担变大，且赚钱能力随年龄增长而倒退。因此，一个人要想日子过得轻松，在人生的每一个阶段都不发愁，就得合理地规划好手中的财富，养成储蓄的习惯。

说起储蓄，很多人可能都会有一种误解，以为储蓄就是把钱放在银行就行了。但事实上，储蓄的形式是多样化的，不同的储蓄方式有着不同的特点，其收益也有所不同。换言之，只有选择最适合自己的储蓄，有技巧地进行资金的分配与运作，我们才能实现存款利息最大化。

那么，我们应该怎样操作才能通过储蓄有效增加自己的收益，实现利息最大化呢？以下几种储蓄方法大家可以参考一下。

1. 阶梯储蓄法

　　所谓的阶梯储蓄法，指的就是把一大笔钱分成若干份之后，再分别存入不同的账户中，或者在同一账户里设置不同的存储方式。存款的期限最好设置成逐年递增，这样既能收获较高的利息，又不会影响到资金的流通使用。

　　这种储蓄方法比较适合中等收入的家庭。这类家庭通常会有一些小额的闲置资金，对资金灵活性要求也不算高。

　　比如，我的朋友老袁就非常喜欢使用阶梯储蓄法来存钱。去年年底的时候，因为做成一个大项目，他们公司给他发了一笔五万元的年终奖，当时他把这笔钱分成了五等份，每份一万元，分别按照一年、两年、三年、四年、五年的期限存了五张定期存单。他计划等一年过后，就把到期的一万元续存，改为五年期，以此类推。这样一来，五年过后，他存入银行的每一张存单都会变为五年期的定期存单，但同时，每年也都会有一张存单到期，以便应付突然需要用钱的情况。

　　老袁算了一笔账：他存钱的时候，银行活期年利率大概是0.35%，定期一年是1.95%，定期五年是3.575%，这样算下来，使用阶梯储蓄法存这笔钱比直接丢到银行存活期储蓄的利息要高不少。更重要的是，这种存款方式在赚足利息的同时，也保证了资金的灵活性，更便于我们应付生活中的突发状况。

2. 循环储蓄法

循环储蓄法最常见的就是12存单法，顾名思义，就是把每个月的现金结余都存成一年的定期储蓄存款，这样一年下来，手里就有12张定期存单，一年之后，每个月就有一笔存款到期，用以应对突发事件。当然，如果用不着，那么到期的存款加上所得利息之后可以继续再存一张一年的定期存单，进行滚动存款。

循环储蓄法的利息要比活期存款或零存整取的利息高。举个例子，假设我们每个月结余2000元存一年定期，那么按1.95%的年利率计算，到期所得利息有39元。但如果这笔钱存的是活期，那么1年的利息就只有7元。

3. 交替储蓄法

如果你可支配的资金较多，且短时间内不会用到，那么不妨考虑用交替储蓄法来存钱。什么是交替储蓄法呢？我们举个例子：假设你有3万元现金，那么将它平均分成2份，然后分别存成半年和一年的定期存款。半年后，将到期的这笔存款改为一年定期，然后再把两份存款都设定为自动转存。这样交替储蓄，循环时间为半年，也就是说，你每半年时间就有一笔钱款到期，可以取出来用以应付生活中需要用钱的突发状况。

4. 约定转存法

很多银行都有"约定转存"业务，即在参与储蓄之前，用户可以和银行约定好定期存款的备用金额，一旦金额超过，那么银行方面会自动将这笔钱转为定期存款。使用这一业务最大的好处，就是不会对我们的日常消费造成影响，而且可以在不知不觉中帮助我们限制消费，同时带来一笔收益。

5. 通知存款的妙用

如果你的手头上有大笔资金准备在近期开支，通常是3个月以内，那么通知存款将会非常适合你。

所谓通知存款，就是一种不约定存期，但在支取时需要提前和银行约定支取日期和金额的存款。这种存款方式最大的特点就在于，既具备活期存款的便利，又有7天通知存款的利息收益。7天通知存款的利率是活期利率的3.86倍，若临时需要用钱，没有存够7天，那么我们还能享受1天通知存款的收益0.8%，而即使只是1天通知存款的利率，也足足是活期存款的2.29倍。

作为斜杠青年，怎么"一心多用"

前些日子，到亲戚家做客，正巧遇见大学毕业没多久的侄女。侄女兴冲冲地向大家介绍，说自己现在是一名"斜杠青年"，身兼数职，是投资顾问/插画师/作家。

"斜杠青年"这个词听上去颇有几分意思，它并非中国的特有词汇，而是一个舶来品。这个词最早出现在2007年，《纽约时报》的专栏作家麦瑞克·阿尔伯用其来定义这样一个族群：他们不满足于单一职业和身份的束缚，而是选择了一种能够拥有多重职业及多重身份的多元生活。

阿尔伯说，这个族群在介绍自己的时候，通常用"/"来隔开不同的身份，故而他将这个族群称为"斜杠青年"。

这个概念被提出之后，受到了许多年轻人的欢迎，甚至逐渐成为一种"时尚"。很多年轻人认为，在这个时代，成为一个斜杠青年是一种很"酷"的表现，如果只拥有一种身份，出去都不好意思跟别人说，因为实在是显得太平凡无奇了！

事实上，到今天，拥有多元化职业和身份已经不是什么稀奇事了，尤其是在网红经济爆发之后。许多人白天上班，晚上则在网络上做社群、做讲师、做自媒体等，干着和自己本职工作完全不同的事情。有人说，我们已经进入了"斜杠时代"。

那么，问题来了——成为斜杠青年到底是不是一个好的选择呢？

在探讨这个问题之前，还是继续来说说我那个侄女吧。自称斜杠青年的她说自己的职业是"投资顾问/插画师/作家"，那么实际情况又是怎样的呢？事实上，她在大学读的是金融专业，毕业后进入了本地一家证券公司工作，主要的工作就是开发客户，也就是销售，美其名曰"投资顾问"；绘画是她的个人爱好，在上学期间，曾经报过一些兴趣班进行了系统的学习。大学期间，她开始在微博上上传一些自己的插画作品，现在偶尔能在网上接到一些邀约，帮别人画插画，所以她也自称是一名"插画师"；至于作家，准确地描述，应该是一名网络小说作者，据说她发表的第一部网络小说目前还没写完呢。

很显然，对于我的侄女来说，"斜杠青年"这个标签所代表的是一种时尚，这让她在向别人介绍自己的时候感到很"酷"。至于这个标签背后的东西，或者说这些"职业"所能带给她的实实在在的东西，反倒显得不那么重要了。

当然，我侄女的情况并不能说明成为一个斜杠青年不是好的选择。事实上，该不该成为斜杠青年，关键还是要看你选择成为斜杠青年的目的究竟是什么。

有的人想成为斜杠青年，最主要的目的是让生活更加丰富多彩一些，最好能够兼顾工作与爱好，而不是在年轻时将所有精力都用来赚钱、追求升职加薪，等老了再开始有爱好地生活。因为这个目的而成为斜杠青年的人，通常来说，对自己的爱好已经坚持了很久，而且研究得很深，甚至已经掌握了一定的专业技能。这样的人选择成为斜杠青年就是非常明智的，因为这是他发自内心的一种追求，于他而言，他的第二甚至第三职业其实就等同于娱乐和休息，不会对他的正常生活或工作造成什么不良影响。

但如果你选择成为斜杠青年，只是因为觉得这个标签很酷，或者更多地是以事业发展为目的，那么我建议你还是应当慎重考虑。毕竟人的时间和精力都是有限的，强行将自己的时间与精力分成多份去做事情，未必能比你集中时间与精力只去做一件事情要更好。

要想做好斜杠青年，前提条件就是得先有一条"强单杠"，这条"强单杠"就是安身立命的本钱。一个人只有拥有了这个本钱，才能谈其他的"斜杠"。这一点无论对做人还是做公司都是非常实用的。

有一个网站叫作飞凡网，很多人可能都没有听说过这个名字，因为这是一个失败的项目。但讲起这个网站的投资者，相信每个人听起来都是如雷贯耳的——腾讯、百度、万达。

据说飞凡网刚刚成立的时候，这些投资大佬对其抱有很大的期望，宣称要投资50个亿，把一百多个万达广场的人流量移到互联网上，促使其消费变现。飞凡网的幕后阵容也是十分强大的：万达金融集团总裁担任首席执行官，微软工程院副院长担任首席执行官。

然而，就是这么一个从一开始就"金光护体"的项目，却在一年半后就濒临失败，开始大幅裁员。这是为什么呢？答案其实很简单——求大求全，缺乏卖点。

如果你曾使用过飞凡网的应用程序，你就会发现，它其实就是一个微信、美团、支付宝以及天猫的集合体，它似乎什么事都能干，但又没有一个令人印象深刻的特别职能。而我们已经有了可以聊天的微信，有了方便买东西的淘宝，有了能够迅速点餐的美团、饿了么，那我们为什么还需要"飞凡"呢？

飞凡网就像一个失败的斜杠青年，职能很多，但都不出彩；一心多用，偏偏又都毫无特点。

当然了，成功的斜杠青年并不在少数。翻开那些闻名中外的名人介绍，谁的名字前不是冠有多重身份？比如被誉为文艺复兴三杰之一的达·芬奇，他是画家，同时也是发明家、科学家、生物学家、工程师等；再比如弃医从文的鲁迅先生，他是作家，也是教师、公务员；还有民国才女林徽因，既是诗人，也是作家、建筑学家。

除了这些名人，我们周围其实也不乏很多成功的斜杠青年。比如我的朋友林丽。她的本职工作是一名课程顾问，与此同时，她还开着一家网店，售卖各种商品，比如面膜、零食等。为了宣传自己的网店，她还经营了一个公众号，和网友分享一些有关美容护肤的小窍门。

与侄女不同，林丽的"斜杠"每一条都"画"得非常自然，每一种职业之间看似是独立的，但又不乏一些内在的联系，从某种程度上来讲，她的"斜杠"几乎都是由主业"辐射"出去而形成的，是一个自然而然形成的结果，而非刻意营造的名称。

所以说，我们要想成功地实现"一心多用"就要知道以下几点。

首先，我们必须给自己找一个"长板"，在一个领域做精，只有先让自己有了坚实的后盾与雄厚的资本，才能分出精力再去做别的事情。

其次，每个人的时间与精力都是有限的，除非你天赋异禀，否则每个领域都要从基础开始做是非常不现实的事情。所以在选择"斜杠"的时候，不妨学习一下林丽，选择一些相互之间有所联系、能够相互促进的职业。比如你若是有很好的文字功底，那么就可以选择编剧 / 作家 / 诗人 / 编辑 / 自媒体等。

最后，请做自己真正想做的事，而不是赚钱的事。如果只是为了赚钱，那么请相信，你将时间与精力集中在一个领域，远比你涉猎多个不熟悉的新领域能获得更多回报。况且，任何技能都是需要历练和积累的，如果没有足够的兴趣作为支撑，那么在开拓新领域的时候，恐怕你也无法坚持到收获的那天。

如果你想创业，
应该做好什么准备

　　一个特别沉迷于创业的朋友，从大学毕业后就开始步入创业大军，先后七年中做过三个不同的项目，可惜最后都没能坚持下来。

　　他的第一个创业项目，是开包子铺，为了做成这件事，他花了三个多月的时间去找人"学艺"，从做包子到熬稀饭，事事认真学习。好不容易业务练熟了，在租铺子的时候却犯了难，他始终找不到合心合意的地方。加上父母一直反对他去做这种小买卖，最后包子铺项目无疾而终。

　　包子铺项目失败之后，他向父母妥协，找了家本地企业老老实实上班，过上了朝九晚五的安逸日子。但一段时间之后，他发现自己始终还是念念不忘自己做生意的事，于是偷偷瞒着家里辞了职，准备展开他的第二个创业项目。

　　他的第二个创业项目依旧是与吃饭有关的，这一次，他打算和另一个朋友合伙开一个蛋糕店。为了把蛋糕店做好，他还特意去报了一个学习蛋糕裱花的课程，并开始经营自己的公众号，为蛋糕店做宣传。

相比包子铺项目来说，蛋糕店项目的开展就顺利多了，只是虽然他投入了不少心血，但却始终没能真正把蛋糕店的宣传做起来，光顾他生意的大多是相熟的朋友或朋友介绍的熟人。

由于蛋糕店生意不佳，在坚持经营两年后，朋友的合作伙伴提出撤资，朋友只能寻找新的合作伙伴。就在这个时候，朋友的一位亲戚主动找到他，提出想与他合作，但要把蛋糕店换成茶餐厅。多番思量后，朋友答应了亲戚提出的要求，将蛋糕店的业务全部转为网上销售，店铺则改头换面，变成了茶餐厅。

后来，原本就不怎么样的蛋糕生意转为网上销售之后，变得越发惨淡，慢慢地这门生意也就不了了之。至于茶餐厅，从一开始经营就遭遇各种不顺，不是营业需要的各种证办不下来，就是食材供应商那边屡屡出问题。就在前不久，听说朋友已经把铺面转租出去了，然后又在想折腾新的生意……

对于自己屡战屡败的创业经历，朋友曾不止一次地感叹过，说自己运气不佳，做什么都做不起来，还为此四处求神拜佛了一段日子。但在我看来，他创业之所以屡战屡败，关键还真不在于运气，而是因为他对创业这件事根本毫无准备。他没有合理的规划，没有扛住煎熬的心理准备，也没有科学理性的市场调查，总是听风就是雨，想到一出干一出，这样怎么可能成功呢？

创业不是一件简单的事，没有充足的准备，一个人即使有再好的点子，也难以将其变现。这是一个机会与风险并存的时代，想要争分夺秒地创造价值没有错，但若是毫无准备就埋头向前冲，那么你的付出与努力也只是在做无用功罢了。

那么我们就来谈一谈，想要创业，究竟得准备些什么。

1. 自己的优势与竞争力

史玉柱说过这样一句话："创业就是找准自己的特色，找出自己的'第一'，但不要梦想让自己成为'第一'，虽然你要以此为目标。"

每个人都有不同的优势和短板，要想创业成功，我们就要懂得寻找自己的优势、做自己擅长的事，这样才能提升竞争力，在市场中赢得一席之地。人只有做自己擅长的、喜欢的事情，才能真正把事情做好，如果非要逼迫自己去做一些自己不擅长或者与自己性格相悖的事情，那么即使能够逼迫自己去做，所能取得的成绩也是十分有限的。

所以，在决定创业之前，我们首先应该好好想一想，自己的优势是什么、自己的特色在哪里，从而找到自己的核心竞争力。

2. 足够的心理准备

提到创业，很多涉世未深的年轻人大概都有些许憧憬，觉得这应该是一件潇洒有趣的事情。然而事实上，创业是一件非常辛苦的事情，其中的艰辛根本不是一两句话就能说清楚的。要从无到有，你必然会经历很多挫折与失败，会一次次陷入各种困境，被永远也解决不完的问题缠身。更重要的是，在创业前期，你或许需要经历一段长久的煎熬，就如黎明之前的黑暗一般，看不见一丝光亮。可你必须熬过去，只有熬过了这段黑暗，才有可能看到成功的曙光。

因此，在决定创业之前，每一个创业者都应该做好充足的心理准备，明白自己即将面对的是什么，即将经历的又是什么。

3. 充足的后备资金

无论你打算做什么项目，在创业之前，都应当准备好充足的后备资金，或者提前为自己寻找一个能够迅速获得资金支持的渠道。要知道，资金是创业的基础，同时也是创业的保障，若是离开了资金的支持，你的创业之路就会寸步难行。

需要注意的是，不管拥有多少资金，你都要控制好资金在每一个环节的合理投入。很多创业者就是因为缺乏经验，在创业前期投入过猛，结果导致后期资金缺乏，致使宣传和经营等环节执行起来非常吃力。

4. 打通必要的人脉关系

对于想要创业的人来说，广泛的人脉资源是不可或缺的重要因素，它所能带给我们的帮助是巨大的，甚至可能成为我们在关键时刻扭转命运的助力。

比如金融界的人脉可以成为我们获取后备资金的重要通道；协作厂商可以为我们提供生产和销售方面的支持；而法律、会计等方面的人脉则能帮助我们处理法规和税务等方面的技术性难题。总而言之，你打通的人脉关系越多越广，你在创业之路上所能获得的便利也就越多，你距离成功自然也就越近。

理性化投资，
果断与谨慎一个都不能少

前不久看到一则新闻，说某地侦破了一个投资诈骗案，涉案金额大约有2500多万元。骗子声称自己的公司在开发一款高科技的蓝光眼镜，投资1万元，半年就能回本，一年最少净赚5000元利息，相当于年化收益率50%，远远高于银行存款利率。

骗子还承诺，投资之后，每周都能有400元的返款，一周一返，绝对不拖欠。而且每个人只允许投资1万元，你想多投资还不行，没有名额。

就是这么一个拙劣的骗局，让不少人都上当受骗了。而类似这样的诈骗案，打开手机，搜索社会新闻，你会发现，大大小小的案件，每年恐怕都有上百起。

套路如此老套，为什么依旧还有无数人上当受骗呢？说到底，还是人的侥幸心理在作祟。再精妙的骗局，也必然有其不合理之处，即使是深陷骗局中的投资者，在上当受骗的过程中，可能也曾有过怀疑和动摇。然而，财帛动人心，当面对所谓的"高收益""巨额利润"时，人的侥幸心理就冒出来了："万一是真的呢？""过了这个村可就没有这个店了！""富贵险中求啊！"——于是，在各种侥幸的声音的催促下，人们也就把怀疑与动摇一股脑儿抛诸脑后了。

其实很多时候，我们之所以会轻易陷入骗局，缺的正是一份谨慎。这是一个信息爆炸的时代，我们可以轻易地通过各种渠道去获取信息。试想一下，如果在做出投资决定之前，我们就拿出手机、打开电脑，到网络上了解一下我们将要进行投资的产品或项目，又怎会轻易被糊弄呢？

任何一种投资行为都是存在风险的，无论什么样的投资项目，风险与回报永远都呈正比。换言之，如果有人告诉你，某一项投资是"零风险、高回报"的，那么无论这个人是谁，无论他的项目看上去多么吸引人，可以肯定的是，他一定欺骗了你。

投资理财需要的不是天才，而是正确的理财观念和杜绝侥幸的谨慎心理。眼前的投资机会看上去越难得，我们就越需要谨慎对待；面对的回报收益率越高，我们就越需要谨慎行事。越是美丽的植物就越可能有毒，同样地，越是看似回报高的投资机会风险就越大。

需要注意的是，虽然我们一直在强调投资需谨慎，但谨慎并不等于犹豫不决、瞻前顾后。很多时候，机会总是转瞬即逝的，

"机不可失，时不再来"，这是一个浅显却也深刻的道理。

王平是我前些年认识的一位商场老板，他平时就有研究政府政策的习惯，这也是他在商场上做决策的重要依据之一。

有一次，当地管理部门突然下达通知，提示各单位尽快处理库存物资，以便加快资金的周转。王平看到这份文件后，敏锐地意识到，很多公司现在一定会按照文件提出的要求积极处理积压物资，这样一来，这些物资的市场价格必然有所下降。如果他能抓住这个机会，在市场上采购一批廉价商品，然后专门在商场开辟一个廉价商品的销售柜台，就一定会受到各企业和消费者的欢迎。商场方面自然也能从中获利。

萌生出这一想法之后，王平立即派出了公司的采购人员，去往各个企业和工厂洽谈处理物资的收购业务。与此同时，王平也向公司销售部下达了命令，让他们尽快在商场增设廉价商品专柜，并进行广泛的宣传。

果然，如王平所料，那些急需处理积压物资的企业和商场非常干脆地以极低的价格将积压物资全部打包给了他。此外，商场增设的廉价商品销售柜台一经推出，就获得了广大消费者的好评，潮水般的人流汇聚到商场，那些刚刚采购过来的积压物资瞬间就成了抢手货，被消费者抢购一空。

王平能做成这笔生意，除了有精准的眼光，还有更重要的一点，那就是他的果断。这一通知下达是一个偶然的机会，而借此想到这种办法来投资一笔的人不会只有王平一个，但他反应够快、出手够果断，所以才能占尽先机，抢在所有人之前采购到最好、最便宜的货物。而等王平的专柜推出之后，发现这一商机的人再想跟风，所得利益必然也不会太大了。

所以说，做投资，谨慎与果断，一个都不能少。有人可能会觉得，将谨慎与果断放在一起似乎有些矛盾，但实际上它们是完全可以统一的。"谨慎"提醒我们在做出投资决定之前需三思而后行，不要因一时的冲动和急躁做出令人懊悔的决定；而一旦考察通过之后，"果断"便告诉我们，该出手时就出手，别在犹豫之时失去机会。

请记住，理想化投资，果断与谨慎一个都不能少。投资为的是赚钱，不是赌气更不是搏命，所以千万不要轻易去冒险，我们应当时刻谨记，多一分谨慎，少一些冲动。当好机会到来时，我们也不要总是瞻前顾后。若犹豫不决，只会错失良机。

规划幸福人生，
从家庭理财开始

每个人都渴望拥有幸福的人生，而要实现这个愿望，关键在于两点：健康与财富。无论对于谁而言，幸福与健康、财富都是密切相关的。不管你想做什么事情，健康的体魄都是基础，而仅次于健康的，就是财富了。所以，想要规划幸福的人生，除了时刻关注自己的健康，我们还得懂得为自己做一份合适的理财规划。

理财规划的根本目的在于最大限度地实现我们的理想、目标与希望，同时消除物质方面的不安，由心到身都过上安定的生活。而这也是每个人拥有幸福人生的重要条件之一。

有句话相信很多人都听过：贫贱夫妻百事哀。在我们的人生中，家庭是非常重要的一个组成部分，同时也是我们在财富方面的最大负担。如果你孤身一人，那么有没有理财计划不会显得那么重要，毕竟"一人吃饱就全家不饿"。但如果你组建了家庭，那么你所需要考虑的问题就多了，你在物质和财富方面的需求自然也就会相应地提高。所以可以这么说，一个人想要规划幸福的人生，应当从家庭理财开始。

不管什么样的理财方案，都是在家庭收入的基础上制订的。因此，不同收入的家庭，在制订理财计划的时候，侧重点自然会有所不同。这里和大家分享几个不同收入等级家庭的理财方案。

低收入家庭：稳扎稳打地做投资

小张今年28岁，和丈夫在同一家民营企业工作。两个人都是普通职工，家庭月收入大约5000元。夫妻俩省吃俭用，攒下了大约5万元存款。除了日常生活开销，小张的家庭最大支出还包括房贷、子女教育以及父母赡养等。

像小张这样的低收入家庭，收入与支出基本持平，承受风险的能力比较差。这样的家庭，理财主要力求稳健，不适宜进行风险较大的投资，否则一旦有损失，就可能给家庭带来毁灭性的打击。

根据小张家的情况来看，可以采用储蓄占40%、国债占30%、银行理财产品占20%、保险占10%的投资组合方式来进行理财。

其中，储蓄虽然收益率较低，但风险也最低，所以建议占比重最高，用以支撑家庭资产的稳妥增值；国债与银行理财产品收益比储蓄高，风险也不算太大，算是较为稳妥的投资，所以投入比例也较高；关于保险，很多人都有一些错误的认知，以为有钱人才适合买保险，这种想法其实并不正确。收入越高的家庭抗风险能力就越强，反而对保险的需求不是那么大，但低收入家庭则不同，收入越低抗风险能力就越差，一旦发生意外，保险所能起到的作用是相当大的。

需要注意的是，收入不高的家庭，最可能遇到的问题就是财务断流或意外事故发生时的资金紧张，所以建议最好能购买部分保险产品来规避意外伤害的发生和疾病带来的风险。

中等收入家庭：适度风险换利益

刘女士34岁，在某上市公司从事人事管理方面的工作，她的丈夫是公务员，在政府部门任职，家庭平均月收入8000元上下，有50万元的积蓄。夫妻俩有一个8岁的女儿，上小学二年级。刘女士和丈夫的目标是为女儿攒一笔教育资金，让女儿接受比较好的教育。

像刘女士这样的中等收入家庭，工作比较稳定，福利待遇也比较好，能够承受一定的投资风险。此外，为了女儿的教育问题，刘女士和丈夫还需要在风险适中的情况下最大限度地实现家庭财富增值，所以在进行投资时，可以适当提高风险。

比如可以采用储蓄40%、债券20%、基金或股票20%、人民币理财20%的组合方式进行投资。其中，储蓄、债券以及人民币理财产品都属于风险较低的稳妥理财产品，而占比例20%的开放式基金或股票则属于收益较高、风险也较高的风险性投资理财产品。风险较高的产品主要就是用来增加整个投资收益的"主力军"，因为只占20%，所以即使出现风险，影响也是有限的。

高收入家庭：高风险下的高收益

王太太38岁，是一名全职太太，她的丈夫在一家金融公司担任副总，家庭平均月收入在3万元以上。王太太家有车有房，没有贷款，另有闲置资产大约100万元，女儿刚上高中，家中暂时没有其他较大的负担。因工作的缘故，王太太的丈夫对投资有着较为丰富的经验，且胆大心细，乐于冒险，对高风险投资并不排斥。

因为收入较高、负担较小，所以王太太家是非常典型的高收入、抗风险能力较强的家庭。这样的家庭，在投资上可以适当放开手脚，比如可以考虑采取50%开放式基金加50%实业的投资组合。这种组合虽然风险较大，但收益同样也很高，加上王太太的丈夫本身就具备投资经验，只要能做好风险控制，收入将是相当可观的。

　　总而言之一句话，一个人要规划幸福人生，就得从家庭理财开始。当我们能够掌控并分配好财富，不再为钱而惶惶不安时，生活中的烦恼和问题至少能够减少一半！

能赚还得会花，
别到头来穷忙一场

在我们身边，总有这样一些人：每个月赚钱也不少，生活质量也不见得有多高，可偏偏花钱如流水，还不知道这"水"到底流去了哪里，结果一年到头忙忙碌碌，银行卡上的数字却始终少得可怜……

说到底，一个人之所以会出现这样的状况，都是因为能赚却不会花。即使一个人钱赚得再多，如果不会花、不懂怎么花，也很难在收入与支出之间找到平衡。一个人要么可能因为花钱大手大脚而积累不了财富，要么可能为了一味积累财富而降低自己的生活品质。很显然，这两种情况都不是我们所希望看到的。

我们赚钱，最主要就是为了花钱。钱，也只有花出去后才能实现它的价值。可以说，赚钱是门技术，花钱是门艺术。"技术"过硬，你可以赚得更多；而"艺术"素养高，你则能把生活打造成高品质的艺术品。自己不仅活得"赏心悦目"，还能不断

149

"升值"，在享受生活的同时还能积累财富。

有人可能会说：不就是花钱吗？有什么难的！

确实，花钱不难，"买、买、买"就行了。但会花钱，让每一分钱都花得值，却不是件容易的事。即使手里握着相同数目的钱，会花钱的人和不会花钱的人所能买到的东西，价值可能是有着天壤之别的。而这种差别放到现实生活中后，差距自然也就更大了。这就是为什么明明收入差不多，有的人可以过得很滋润，还能有所结余；有的人却过得紧紧巴巴，甚至可能还不够花。

那么，在现实生活中，想要做到能赚又会花，我们究竟需要注意避免哪些问题呢？

1. 花钱如流水，"月光"钉子户

表妹今年25岁，在一家外企做行政工作，月薪3000元上下，对于一名职场新人来说，这个收入在本地算是还不错的。毕竟不是在一、二线大城市，消费水平不算太高，她住在家里，不用交房租，燃气、水电费都不用自己交。也就是说，表妹的收入绝大部分其实都相当于是她自己的零花钱。

要说表妹花钱，似乎也不是很厉害，既不追求名牌，也不喜欢去高级地方玩耍。可偏偏每到月底，她的银行卡上就是一片惨淡，简直堪称"月光"钉子户。表妹怎么都想不通，自己的钱到底都花到哪里去了呢？为什么存个钱就这么困难呢？

其实，只要和表妹生活过一段时间就会发现，虽然她不属于只买贵的不买对的那一类人，但她在花钱方面确实存在很多不好的习惯。比如她花钱从来没有计划，总是看到什么想买就买了，也不管用不用得上，或者自己有没有类似的东西。此外，对于各种优惠促销活动，她几乎没有任何抵抗力，只要看到"优惠""清仓""买一送一"等字眼，根本不管商品用得着用不着，马上就买。

如果你也有和我表妹类似的情况，那么就请赶紧好好反省一下自己的消费习惯吧，如果不想成为铁打的"月光"钉子户，就赶紧给自己定几条规矩，好把钱包牢牢捂住。

首先，你得学会量入为出，给你的消费制订个计划。

想要摆脱"月光"的命运，我们就得学会控制自己的消费欲望，最好能对自己的收入支出情况进行一个简单的记录与"监控"，尽可能减少那些不必要的消费。或者你也可以考虑使用"信封"花钱法来控制自己的消费，即每个月月初都将自己的本月开支做个预算，根据预算将钱放入不同类别的信封，如需要购买衣物便使用"服装"信封里的钱，需要外出就餐则使用"外出就餐"信封里的钱等，利用这种方式来控制自己在每一项上的花费。

其次，强迫自己储蓄，养成逐渐积累财富的好习惯。

要想不"月光"，你就必须养成储蓄的习惯，不能赚多少花多少。要养成这样的习惯其实并不难，比如每月在拿到工资之后，先抽出5%~20%，专门存在一张卡上。需要注意的是，你必须约束自己，无论如何都不动用这张卡，否则强制储蓄也就没有意义了。

最后，如果你是"卡奴"，那么暂时停掉你所有的信用卡吧。

正所谓"轻轻一刷卡，花钱更潇洒"，我们使用信用卡会弱化自己对消费的敏感度，一不小心就会过度消费。所以，如果你是一个花钱无度且自控力较差的"月光族"，那么还是暂时戒掉信用卡吧。你会发现，离开这张小小的卡片，能让你节省不少钱。

2. 过度节省，现代"葛朗台"

通常来说，容易在花钱方面出现过度节省，甚至影响到自己生活质量的，都是偏年长且拥有家庭和孩子的人。因为他们收入水平往往都不高，生活负担又比较重，可以说"上有老，下有小"，所以在金钱上总是容易过度紧张。

然而，从理财的角度来说，过于节俭、储蓄率过高未必是件好事。要知道，我们赚钱就是为了花钱，如果因为对未来的不安和紧迫就完全不考虑当下的生活质量，岂不是本末倒置了？况且，生活质量低下，无论对我们的身心健康还是发展提升等方面都可能造成不良影响，从长远来看，其实得不偿失。

此外，习惯过度节省的人通常都会出现储蓄率过高的情况，他们因为惧怕风险，所以在投资方面往往都比较保守，不太懂得利用自己的资本更有效地去赚钱。简单来说，他们只学会了"节流"，却不懂得"开源"。

第 7 课

入职场

从新人到新贵，我的职场跃迁一点也不简单

走入职场，是一件令人兴奋的事情，是一件能够改变人生与命运的事情，但同样也是一件有风险的事情。职场之路想要走得更顺遂，就必须掌握一定的技巧。仅仅有工作能力，在职场中是不够用的。

(((面对人力资源顾问，
如何避免发傻发呆

初入职场，我们要打交道的第一个人就是公司的人力资源顾问。人力资源大师戴维·尤里奇曾把人力资源顾问定义为四个角色：战略伙伴、行政专家、员工卫士、变革推动者。

可以这么说，在企业中，人力资源顾问所扮演的就是一个"解决问题者"的角色，无论企业有什么问题，都与人力资源顾问有关，也都需要人力资源顾问去解决。换言之，在职场中，无论我们是想要进入目标公司、获得目标岗位，还是站稳脚跟、维护自己的权益，都离不开人力资源顾问。

我们想要打动人力资源顾问，通常是从一场完美的面试开始的。但很显然，这并不是一件容易的事。我常常听到周围的人抱怨，自己在面试中遇到过多么"奇葩"、多么难以对付的人力资源顾问。他们总是会询问一些看上去与工作毫无关系且莫名其妙的问题，又常常根据你的回答得出莫名其妙的结论，然后宣判你的"死刑"。

比如有的人力资源顾问在面试中总是表现得很八卦，变着法儿地打听你的私生活；有的人力资源顾问废话特别多，不问工作却老是跟你寒暄；还有的人力资源顾问更是喜欢问些莫名其妙、天马行空的问题，让你完全摸不着头脑……如果你因为这些"奇葩"的问题就掉以轻心，那么可要小心了。因为人力资源顾问的"套路"令人防不胜防，那些看似毫无关系的问题，有时候恰恰正是他们给你出的问卷呢！

那么，我们不妨一块儿来分析分析人力资源顾问常用的"套路"，避免你在他们面前总是不自觉地发傻发呆，与大好的机会失之交臂。

套路一：看似关怀满满的"寒暄"

看似关怀满满的开场白永远是人力资源顾问最爱用的套路。他们总是喜欢装作不经意的样子，"关心"地和你寒暄，让你毫无防备。

比如我当年刚毕业时参加的第一场面试，刚一见到人力资源顾问，他的开场白就是："你今天是怎么过来的？路上顺利吗？"

那时候缺乏社会经验，以为不过就是客套地寒暄一下，于是我耿直地汇报了一下自己的行程："我坐公交又转地铁过来的，花了两个多小时，主要是公交车实在太堵了。"

然后，人力资源顾问迅速露出了真面目，铁面无私地告诉我："你家离公司太远了，我建议你还是找一个离家近的工作比较好。"

套路二：防不胜防的"投其所好"

这是我一位做人力资源顾问的朋友最喜欢用的套路，每次面试的时候，他都会问面试者一个问题："平时除了工作，喜欢做什么？"然后不论对方回答的是什么，他都会接上一句："是吗？真巧，我对这个也非常感兴趣。"然后两个"志同道合"的人就打开了话匣子。

我曾经很好奇地问他，这样"套路"别人有什么意义。然后，他就给我讲了一个故事：

前一阵子，他们公司有一个职员被处分，原因是他假借大伯丧葬的名头，向公司请了一周的假，但实际上是和朋友出国去玩了。揭露这个职员谎言的，正是我这位朋友。

大家都觉得很奇怪，为什么我这位朋友会知道那个职员在撒谎，那个职员本人也百思不得其解。后来想了两天，这个职员还是觉得不甘心，就直接跑来问我这位朋友，到底是怎么拆穿他的谎言的。

结果，朋友笑着告诉他："去年你来面试的时候，我问你喜欢做什么，你告诉我你喜欢钓鱼。然后我们就从钓鱼聊到了你们家每年都要聚会的事，你还说你家三代单传，家里人一聚在一起就排着队地催你结婚。你这都三代单传了，哪来的大伯？"

故事讲到这里，我对朋友已经佩服得五体投地。人力资源顾问的套路果真是令人防不胜防啊，职员一不小心推心置腹，就把把柄送给了人家。

套路三：不着痕迹地打探消息

有时候人力资源顾问会问你一些看似和工作完全无关的问题，比如："你有什么兴趣爱好？""最近看什么电视剧？""你们年轻人是不是都追星啊？"

你以为人力资源顾问是在浪费时间和你闲聊打发时间吗？那你就大错特错了。人力资源顾问之所以开始和你"闲扯"，往往是因为觉得你在面试中的个人表现还算不错，但又缺乏一些突出的亮点让你从千军万马中脱颖而出，所以才特意想要"创造"一些机会了解你的特长与优势。

比如他们会问你的兴趣爱好，或者平时喜欢看的电视电影、喜欢的明星，其实都是为了对你的品位、思维模式、价值观等做一个简单的评估。所以你在听到这些问题时，别放松警惕，或许这正是一个能让你翻身的绝佳机会！

套路四：心理学家附体

"你喜欢什么动物？"这就是一个简单又直白的心理测试题。许多刚入行的人力资源顾问最喜欢问这个问题。至于那些已经入行许久的人力资源顾问，通常从谈话的字里行间就能不着痕迹地了解到面试者的信息了，根本不需要用这种容易引起对方警惕的方式来做心理测试。

如果你对心理测试方面的事情全无了解，那也不必惊慌，只需要记住一点：人类的行为特征与某些动物的习性是类似的。我们只要根据这个准则来选择答案，通常就不会出错。

套路五："八卦"背后的真实目的

"你有男／女朋友吗？谈几年了？准备什么时候结婚？"

"房贷／车贷压力大吗？是你老公／老婆和你一起还吗？"

"家里有小孩吗？有没有报什么兴趣班？"

如果你有丰富的面试经历，想必一定遇到过这种"八卦"的人力资源顾问吧？你甚至可能还在心里暗暗吐槽过：这人怎么这样"八卦"，面试就面试，总揪着别人的私人事情问是怎么回事啊！

殊不知，这些看似与工作无关的私密问题，其实也是人力资源顾问的套路之一。在你回答每一个问题的时候，人力资源顾问就在判断究竟是否要录用你。

比如他们询问你的恋爱状况，一方面可以考察你的稳定性，另一方面则可能判断你婚育的可能性。假如你恋爱的对象在外地，那么你就会有变动工作的可能；假如你已经谈恋爱大约两到三年，那么近期之内你很可能会考虑结婚生子，这样对你未来的工作同样会有影响。

他们询问房贷、车贷，那就更容易理解了。如果你身上背着房贷和车贷，那么为了偿还贷款，你就不会轻易变动工作。而如果你的房贷和车贷压力比较大，那么相应地，你对工作的薪资要求就会比较高。

还有孩子问题，人力资源顾问和你探讨孩子的教育问题，不是真的对你的孩子感兴趣，他真正的目的是想通过了解你对孩子的教育态度来了解你的内心，从而推断你的工作风格，甚至你的人生观与价值观。

当然，我之所以在这里分析这些套路，并不是鼓励大家通过说谎或演戏将自己伪装成截然不同的性格，以获取想要的工作，毕竟再精妙的伪装也总会有暴露的时候。我只是想给大家提个

醒，让大家在面对人力资源顾问的时候，不再一味地发呆发傻，

而是能够见招拆招，在人力资源顾问面前展露出自己的优势与长

处，从而打动他，并赢得他的认同，继而获得想要的工作。

作为职场小白，
必须跨越这些障碍

初入职场之际，刚走出象牙塔的职场小白们总是带着满腔的激情、抱着美好的期待，看着繁忙的办公室、陌生的领导和同事，忐忑之外却也多了一分新奇，仿佛美好的未来已经展开，成功的希望近在眼前。然而——

"天哪，这家公司有没有搞错，天天让我端茶倒水送文件。我这个勤学苦读多年的高才生，难道就是来做这个的吗？"

"那些人也太不可理喻了，我不过就是说了这么一句话，至于这样吗？办公室里的人际关系也太复杂了！"

"我是不是真的不适合这份工作啊，这跟学校里教的完全不一样啊，这样太挫败了……"

"这根本不是我想要的工作！完全和我想象的不一样！"

以上这些抱怨就是我从初入职场的侄女口中听来的。要知道，一个月前的她可还在为收到公司的聘用通知而激动不已，满怀一腔热血准备大展宏图呢。结果，仅仅一个月不到，她就已经怨天尤人，把原先她口中这份完美的工作批判得一文不值。

对于初入职场的新人来说，这种情况并不少见。这其实也不难理解，离开校园步入社会，我们所面临的不仅是环境的改变，更是身份角色的转变和生活状态的改变。职场有着与学校完全不同的规则，如果不能适应这种规则、跨越这些障碍，那么迎接我们的将会是前所未有的巨大压力，而这对我们未来的就业成功也是非常不利的。

那么，作为职场小白，初入职场的我们将会遇到什么问题、需要跨越哪些障碍呢？

1. 新人都是从做杂事开始的

堂堂高才生，好不容易战胜千军万马进入心仪的公司，却天天被支使得团团转，承包办公室一切杂事，端茶倒水送文件，完全不被重视和认可——这大概是职场小白们抱怨最多的问题了。

事实上，这在职场中是再正常不过的状况了。作为一名新人，你的经验是最少的，辈分是最小的，你不被支使那谁被支使呢？更何况，做的即使只是杂事，也并不意味着它们就没有任何难度。事实上，但凡有过职场经验的人都知道，在公司里，处理杂事不见得就比应对大事更容易。而且，处理杂事对于新人来说，也是一个学习公司文化、熟悉部门运作的过程。你只要有心，即使只是做杂事，也能突出自己的优点与长处，进而引起领导的注意。

2. 办公室伦理很重要

通常来说，职场比学校要更重视"伦理"，而这也正是许多新人在进入公司之后都会经历一段"打杂时期"的重要原因。

说到办公室伦理，很多新人可能会觉得很反感，认为这就是在欺负新人。其实，尊重前辈、尊重上级本身就无可厚非，无论是在生活中、家庭里，还是在社会上，这种"伦理"都是存在的。

我们初入职场，其实就像初入校园时一样。初入校园的时候，作为新生的我们，对老师以及师哥师姐们都会有一种自然而然的崇敬心理。面对他们的时候，我们也会不自觉地放低姿态，这是一种礼貌和修养。

而初入职场的我们，又何尝不是公司的"新生"呢？无论从前的我们是什么样子，都已经成为过去了，在步入职场的那一刻，我们迎来了新的开始。上级领导就像是我们的"老师"，前辈同事就如同我们的"师哥师姐"，我们最应该做的，就是放低姿态、重新学习。

有一句话说得好："只有把自己看得很轻的人，才能飞得更高。"这句话非常适合所有初入职场的新人。请记住，懂得摆正心态、放低姿态的人，才能在职场之路走得越来越远、飞得越来越高。

3. "圈外人"的尴尬

对于初入职场的小白们来说，公司里的人际关系也是难以攻克的障碍之一。在进入公司之前，很多人或许都曾幻想过自己能够在短时间里和同事打成一片，能配合默契地一起投入工作，感受到友好热情的"同事爱"。

然而，真正进入职场之后，你可能会发现，同事比你想象的要冷漠得多，无论你表现得多么热情，都无法突破他们的戒备和警惕。你好像是一个被孤立的"圈外人"，难以找到归属感，这种时候，如果你过分在意这种感受的话，甚至可能会影响到你对工作的热情，把事情弄得很糟糕。

其实这些都是很正常的情况，相比学校来说，职场的竞争要更加激烈，情况也要更为复杂。你的同事既是你的同伴，同时也是你的竞争对手，你们之间的关系并不是简单的"交朋友"。

为了减少麻烦，你得学会应该怎样和同事沟通，明白什么话该说，什么话不该说。如果还像在学校时一样口无遮拦，和同事掏心掏肺，想到什么就说什么，不仅容易得罪人，还容易为自己招惹祸端。

此外，身处职场，最重要的事情还是工作。你只有让同事们觉得和你在一起工作不会被拖后腿，你能够融洽顺利地配合他们的工作，这样你才能真正被纳入"圈中"，成为团队中真正的"自己人"。

4. 出错是常事

很多职场小白在步入职场之前，对自己的知识水平和业务能力都会有一种盲目的自信，尤其是有些人在上学时就是优秀学生、风云人物。但真正开始工作之后，他们往往都会发现，自己并不像最初所想的那般工作起来游刃有余，甚至可能频频出错，就连那些看似最简单的工作也做得磕磕绊绊。时间久了，不免就容易心灰意冷，甚至产生自我怀疑。

其实，理论在现实中进行实践时，必然会出现一些偏差和难以预料的状况，这很正常，没有必要因为一时的错误就全盘否定自己。正所谓"熟能生巧"，很多工作需要我们投入大量的时间与精力去实践，而不是只停留在口头上。

所以，职场小白一定要懂得摆正自己的心态，在出错时积极思考、认真反省、吸取经验教训，让自己在反思中获得进步。你不要因一时的错误就自暴自弃，也不能因自己是新人就将犯错看作理所当然的事。请记住，严谨与认真是你必备的工作态度。

你和精英之间，
还差一点高效努力

拿破仑说："不想当将军的士兵不是好士兵。"在职场中，没有成为精英觉悟的职员也不会是好职员。毕竟你总得给自己找一个奋斗目标，这样才能让努力有方向，才能在遭遇挫折时依旧拥有站起来、挺过去的毅力。

职场中的奋斗是比较公平的，只要你足够努力，就一定会有所收获。当然，至于付出与收获的回报率高低，关键得看你是不是找对了方法。要知道，努力可以让你成为一名称职的员工，但光有努力却不足以让你成为职场的精英。

那么，我们和精英之间到底差了什么呢？如何才能弥补这种差距？

回答这个问题之前，我们不妨先来看一个故事：

有个人很喜欢读书，读了一辈子的书，堪称知识渊博、无所不通。这个时候的他，完全可以胜任任何他想要做的工作。但问题是，他已经老了，精力、体力都大不如从前，即使每天都把自己的知识变现，产出大量的东西，有所成就的日子也不会有很多。所以，这个人虽然脑子里装了许多东西，但一辈子的产出却没有多少。

另一个人从很年轻的时候就开始工作，每天都很忙，恨不得把每一分每一秒都用到工作上，根本没有时间做其他事情，更别说学习和进修了。所以，这一辈子，他的知识水平都没提升。可以想象，脑子里本就没有装着多少东西，哪怕忙碌一辈子，他的产出恐怕也不会有多少。

故事里的这两种人都不会成为精英。前者一味追求知识的吸纳，却不考虑知识变现的价值；后者则总想着"砍柴"，却不肯花点时间"磨刀"，以致效率低下、事倍功半。那么，真正的精英是什么样的呢？

精英之所以称为精英，是因为他们既有丰富的学识，又有超高的变现能力；既不忘时刻提升自己、充实自己，也不会忽略实力变现、创造价值的问题。可见，想要成为精英，关键在于两个字——高效。

在这里，和大家分享一些诀窍，让高效变成习惯。

1. 把精力集中在工作上，努力、努力、再努力。当你在工作时能够真正做到心无旁骛、一心一意的时候，自然就不会浪费时间与精力，你的工作效率也就提上来了。

2. 所谓高效，关键就是快。如果你做事总是磨磨蹭蹭，那么从现在开始就改变吧，你得把你的步调再加快一些，学会更迅速地完成工作，即使你还有充裕的时间，也不要懈怠。当你能够在比别人努力的同时又比别人更加迅速地完成工作时，每一天的产出就会比别人高出许多，效率自然也会比别人更高。

3. 提升工作效率是要讲究技巧的，你可以试着在投入工作之前先将工作进行一个简单的分类，将所有同类型的工作都放到一起进行集中处理。

4. 我们最完美的预期当然是能完成所有的工作，但很多时候，如果事情实在太多，我们就不得不进行一些取舍。所以，从现在开始吧，不论你要做的工作有多少，都先从最重要的或者更有价值的事情做起。如果需要取舍，你就把那些潜在收益率较高的工作牢牢抓在手里，放弃那些潜在收益率较低的工作。养成这样的习惯之后，无论何时，你都能实现工作收益率最大化。

5. 你在有选择的情况下，去做自己更擅长的工作。做越擅长的工作，你所需要消耗的时间与精力就会越少，完成的质量与速度就会越高。所以，在进行团队协作且有所选择的时候，请选择你最熟悉、最擅长的领域，每个人只有把自己都放到最适合自己的位置上，团队的力量才能真正发挥到最大。

6. 我们要想提高工作效率，就一定要少犯错误。正所谓"磨刀不误砍柴工"，一味追求速度未必就能真正提高工作效率。我们与其因为追求速度而增加错误，不妨在着手工作之前多思多想，争取一次性把事情做正确。因为减少犯错往往比不断回头改错要更节省时间。

7. 如果你所处理的工作需要多个步骤，那么与其一味地想着如何提升速度，不妨开动脑筋，试试看能否减少完成工作所需的步骤。很多时候，所谓的"标准步骤"未必就一定是工作的最佳步骤。当你真正熟悉并了解了自己的工作时，就会发现，很多步骤其实都不是非存在不可的。简化这些步骤，不仅能够最大限度地节省工作时间，还能让工作变得更简单、更容易完成。

请记住，想要成为职场精英，努力与智慧必不可少，只有将二者完美地结合在一起，我们才能真正实现高效工作，将付出的努力最大化变现。

搞好职场人际关系，是一辈子都要进修的课题

　　学校里的人际关系可以让你收获友谊，帮助你愉快地度过学生时代；职场中的人际关系则能助你工作变现，让你更容易收获成功。可以说，在职场中，人际关系是每个人一辈子都要进修的课题。

　　个人的能力和资源始终是有限的，如果没有别人的帮助与协作，想要获得成功将会变得难上加难。更何况，一个人的时间和精力也不允许他包办所有事情，无论做什么，总会不可避免地需要别人的帮助。

　　更重要的是，如果一件事情别人只要稍微抬抬手就能完成，而你可能需要付出一两倍的努力才能做到，那么为什么不借助别人的力量呢？要知道，一个人的成功往往并不取决于他自己的力量有多强大，而是取决于他的人脉关系经营得有多好。

　　不久前，听说一位学长准备花钱去美国哈佛大学攻读一个工

商管理硕士学位。众人都纷纷打趣，说这个时代就连曾经的"学渣"都意识到"知识就是力量"的真谛了啊！

我这位学长曾经是学校的风云人物，出了名的学渣。虽然在学业上没有什么建树，但这位学长在生意场上却如鱼得水。他毕业没多久就创立了自己的企业，在商场上混得风生水起。

这样一个人突然宣布要去读书深造，确实令人感到意外。然而听到众人的打趣之后，这位学长却笑言："根据我多年的经验，工作之后真正用得到的东西，有30%来自原有的专业知识，有60%来自实践中获得的工作经验，只有10%来自你参加的各种培训班课程。但是，即使是这样，每年我都依旧会花不少钱去参加高级培训班，知道为什么吗？因为像高级培训班这样的场所，是最容易结识业内高手的地方。就像这次我打算去哈佛大学读书也是一样的，关键是为了结识各行业的顶尖人才，向他们学习取经，同时扩大我的人脉资源，这些才是真正能够帮助我日后'更上一层楼'的宝藏！"

学长的话让我想起一位企业家在接受采访时说的一句话："每一个伟大的成功者背后都有另外的成功者，一个人的成功之路是无数人为他铺垫成的。"

激励大师安东尼·罗宾也曾说过："人生最大的财富是人际关系，因为它能为你开启所需能力的每一道门，让你不断地成长、不断地贡献社会。"

美国商界曾经针对各公司高层管理人员的领导能力做过一项调查，结果显示：各公司高层管理人员的工作时间里，有3/4的时间几乎都花在处理人际关系上；大部分公司的最大开支往往都用于人力资源方面；很多时候，管理者所制订的计划是否能够顺利执行，以及其执行效果的好坏，关键都在人身上。

可见，人才是最大的财富。如果你想在事业上开拓出一片天地、做出一番成就，除了有过硬的专业知识技能，还要有人际交往能力。当建立起自己的人脉关系网，并成功聚起大量的人脉资源时，你就会发现，曾以为千难万难的事情，很容易就做好了。

小张是我一位朋友的表弟，他就是个非常懂得维护并利用人际关系的人。

在一次出差的时候，小张偶遇多年未见的同学小李。在学生时代，小张和小李的关系还是比较亲近的。毕业之后，两个人分别去了不同的城市，多年未见，再深的感情也难免有些生疏。

在交谈中，小张得知小李现在已经成为某跨国公司的高管，巧的是小张最近已经有了跳槽的打算，正在私下接洽几家公司，而小李所在的这家公司正是小张的首选。当然，虽然心里有些想法，但小张也并未全盘透露给小李，只是简单地讲了一些自己的近况，两人互相留了电话和地址之后便告辞了。

当晚回到酒店，小张立即打电话回家，让妻子把不久前父母给他寄来的家乡特产匀出一份寄到小李家。在之前两人聊天的时候，小李曾提及他的妻子很想念家乡的美食，巧合的是，小李的妻子和小张的妻子是老乡。可想而知，出差结束后回到家的小李收到这份贴心的礼物会感到多么开心。

有了这份贴心的礼物作为开端，小李很快也投桃报李地给小张送了礼物。一来二去，两人的关系越来越好，多年不见的生疏感很快就消散了。

一年后，小张顺利跳槽到了小李所在的公司，并在小李的帮助下获得了不少优待。

如果没有小李的帮助，小张或许也能够成功跳槽，但未必能够得到同等的优待。或者即使他能够得到同等的优待，那么所付出的努力必定也要比如今多得多。这就是人脉的力量。

在职场上，人际关系所能带给我们的助力是不容小觑的。同样，人际关系所能造成的阻碍也是不容轻视的。一个人，哪怕能力再出众，如果在人际关系上不加注意，想要成功也是非常艰难的。

一个人想要在职场上走得顺顺当当，就请记住：在打好自己专业基础的前提下，经营好自己的人际关系网，才更容易成功！

广结善缘，
玩转职场饭局"潜规则"

有一次，我在网上看到一条挺有意思的新闻，说某公司的面试居然是安排在饭桌上的，用应酬客户的方式来对应聘者进行考核。这让许多应聘者大跌眼镜，有不少人质疑，将饭局上的应酬能力作为面试的科目究竟科不科学、合不合理。对此，考官给出了解释，他们称，在饭局上，处处都是考验，比如"排座"考核的就是你懂不懂礼数，而"敬酒"则能对你的社交能力进行一个初步评估。

这条新闻刚一出来就引起了人们的广泛关注。有的人觉得虽然形式特别了一点，但也只是在暗中考察应聘者的交际能力；有的人却认为，这种饭局面试的方式并不值得推崇，这样的面试方式显然助长了公款吃喝的歪风邪气。

客观来说，后者的反应还真是有些属于过度解读了。步入职场的人都知道，在生意场上，饭局是一堂非常重要的"必修课"，这是我们在学校里根本学不到的东西。一场饭局就是一个社交场所，你来我往、唇枪舌剑、相互试探，每一个环节似乎都别有深意。

某公司曾做过一项调查：在常用的社交方式选择中，选择"聚餐"作为社交方式的比例高达46%，位居第一；而排在第二位的是"体育活动"，比例仅有13%。从这一结果就足以看出，饭局是中国人在日常生活中最常见也最重要的社交形式。更何况，只要不出现什么"天价宴席"之类的情况，正常的饭局其实并没有什么不好的地方，反而还能帮助我们扩展人脉。

对于在职场中摸爬滚打的人来说，掌握饭局的种种"潜规则"更是必备技能之一。饭局搞得好，不仅能够提升生意的成功率，而且能够促进与同事、领导之间的感情。换言之，能够在饭局这个特别的交际场所中拼杀成功，对于我们在竞争激烈的职场中站稳脚跟也是大有帮助的。

那么，为了能够更好地应对饭局，有哪些饭局上的"潜规则"是我们应当注意的呢？

1. 座次

如果你是饭局的组织者，那么在安排座次的时候一定要注意了。总体来说，座次安排应遵循"尚左尊东"和"面朝大门为尊"的原则。如果是圆桌，那么主客就应安排在正对大门的位置，左右两边则依据和主客的距离来分，越靠近主客的位置就越尊贵，在同等距离下，则以左为尊。如果是八仙桌，且有正对大门的位置，那么主客则应安排在正对大门一侧的右位。如果没有正对大门，则应将主客安排在面向东方一侧的右位。

2. 点菜

既然是饭局，主要活动还是吃饭，所以菜点得好不好，能不能让客人满意，直接影响饭局的成败。

如果时间允许，那么最好的方式自然是等大多数客人到位之后，让客人根据自己的喜好点菜。而作为公务宴请，我们还必须考虑预算的问题，所以选择什么档次的饭店就显得尤为重要了。需要注意的是，如果客人不太好意思点菜，而你的老板也在席上的话，除非老板主动要求，否则千万不要因为尊重老板，或者认为老板应酬经验比较丰富，就把点菜的事情交给老板，这很可能会让老板感觉不体面。

当具体点菜的时候，你一定要做到心中有数。通常来说，如果桌上男士较多，那么可以多点一些荤菜，但如果女士较多，则可以多点几道口味清淡的素菜。此外，根据宴请的重要程度，我们在点菜时也应酌情考虑价格问题。如果宴请的人物比较重要，那么桌上当然不能少了够分量的菜。

3. 吃菜

不同国家的人有不同的餐桌礼仪，所以在接待客人之前，我们应该先了解一下对方国家的餐桌礼仪。

比如中国人在餐桌上喜欢劝菜，这是一种热情友好的表现。但在接待外宾的时候则不能如此，你可以向对方详细介绍中国菜的特点，至于要不要吃，还是由对方自己决定吧。

如果你是客人，或者在饭桌上身份较低，那么在入座之后，千万不要立即动手开吃，最好等主人或地位较高的人动筷子之后你再开始动筷子。夹菜时也要注意礼仪，你不要在盘中反复翻拣。此外，吃东西时你最好不要说话，说话前要把口中的食物先咽下去，这些小细节都会影响别人对你的印象。

4. 喝酒

饭局通常离不开喝酒，而喝酒同样也是有很多小细节需要注意的。

第一，如果你打算敬酒，那么一定要等领导们相互喝完之后你再敬，别喧宾夺主。敬酒的时候你一定要站起来，双手举杯，以示对对方的重视与尊敬；第二，在敬酒的时候，可以多人敬一人，但绝不能一人敬多人，除非你是领导或者地位较高；第三，你在准备给多人敬酒时，如果没有特殊人物在场，那么最好按照顺时针方向敬酒，不要厚此薄彼；第四，你要记得主动给客户和领导添酒，还有在给领导挡酒之前也要先确认对方确实不想喝，不要自作主张，否则容易得罪人。

掌握了这些饭局上的"潜规则"，相信你一定能在职场饭局的社交机会中顺利拓展人脉，在职场站稳脚跟，开拓出一片属于自己的天地。

抓住机会，
完成从新人到新贵的跃迁

　　进入职场，想必每个人都会有想要向上爬的野心，也都憧憬从职场新人一跃成为职场新贵的风光。而要实现这一切，我们就必须懂得抓住机会，才能在恰当的时机平步青云。

　　你或许会说：机会又不是地里的大白菜，想抓就能抓！确实，机会不会像地里的白菜那样，整整齐齐、安安静静地待在那里。但机会也不像你所以为的那样稀有，它其实就藏在每一个容易被人忽略的细节之中。很多时候，我们真正缺少的不是机会，而是发现机会的眼光与智慧。

　　职场就像一片埋藏着宝藏的土地，无数的人都在这里寻找宝贝。作为一个缺乏经验的"小萌新"，想要从前辈们手底下寻找机会，你就得跳出传统的思维与眼光，打开视野，而不是只盯着眼前这片早已被无数人盯上的一亩三分地。当然，你还要善于分析，知道什么是陷阱、什么是机会。

我有一位朋友在美国某研究所任职。他不知道为什么自己所在科室的主任总是和他过不去，常常给他使绊子，还故意支使他干一些跑腿的活。对此，朋友只是一笑置之，也没怎么放在心上。

有一次，科室主任又支使朋友，让他把一份规划报告送给所长。那是研究所的一个新项目，因为科室主任的排挤，所以朋友并没有参与其中。但科室主任不知道，朋友其实私底下一直也在搜集该项目的相关资料。

在看完科室主任提交的规划报告后，朋友很快就发现了几处问题，这些问题一旦处理不好，就很可能会导致项目失败。于是，在把报告交给所长之后，朋友大胆地向所长提出了自己的想法，指出报告中他认为不合理的地方。所长想了想后对朋友说道："既然你认为这份报告不行，那么你就拿出一份行的给我看看。"

第二天，朋友就根据自己之前早已经搜集好的资料，提交了一份新的报告给所长。因为这份报告，朋友争取到了负责新项目的机会，并在项目顺利完成后被直接调任到了所长麾下，受到了所长的重用。

机会其实就在我们身边，在每一个细节之中，重要的是你是否能够及时发现它，以及你是否已经做好充足的准备去抓住它。就像我这位朋友，他始终不曾放弃过希望，并时刻做好万全的准备，所以才能抓住偶然降临的机会，实现自己的职场逆袭！

真正的成功者从来不会傻傻地等待幸运女神的降临，因为他们比任何人都清楚，机会不是等来的，而是需要自己主动出击，去争取、去创造。很多机会其实都具有潜在性，你必须去开发它、启动它，它才能够成为你的助力。

一部电视剧里面有这样一段情节：

男主角是个小建筑公司的负责人，他在送一位客户回酒店的途中，遇到了一个客户的熟人，听到客户和那个熟人寒暄，问他们家祖屋修整的事情。本来只是随口寒暄的一两句话，但男主角记住了这件事。后来，他私底下联系了那个打算修整祖屋的人，并以那位客户为切入点和对方搭上了关系。对方本来认为男主角的小建筑公司规模太小，有些看不上眼，但得知他曾帮那位客户做过项目之后，便决定试一试，把这个机会给了男主角的公司。

这个祖屋修整工程的机会其实就是一个潜在的机会，如果男主角没有留意这两位客户的寒暄，或者他没有主动出击去争取这个机会，并用之前的工程来向新客户证明自己的价值，那么这项工程无论如何都是不可能落在他手里的。

可见，在职场中，想要抓住机会，实现从职场新人到职场新贵的跃迁，我们就得时刻做好准备，留心一切细节，发现机会、争取机会、抓住机会，甚至是创造机会！当然了，我们也需要注意，适当争取一些主动施展才华的机会，否则即使伯乐找上了门，恐怕也是相不中我们的。

比如，我们可以多抢着做一些热门的以及领导较为重视的工作。要知道，在公司里，需要做的工作是非常多的，领导不可能关心每一个岗位、每一个环节。所以，想要在领导面前争取存在感，我们就必须去争取一些能够引起领导注意的工作机会，在领导面前增加一点存在感。毕竟你如果希望一个人能欣赏你、记住你，那么总要让他先认识你才行。如果他都没有机会可以认识你，那你又怎么在他面前展露才华呢？

通常来说，热门的以及领导会关注的工作，都是些难度较大或者任务较重，甚至情况比较紧急的工作，要驾驭这样的工作，对个人的能力水平要求是比较高的。你如果没有绝对的自信，就千万不要去尝试。

当然了，想要吸引领导的注意，也并非只有这一种方法。如果你没有过硬的技能水平做支撑，那么不妨打打"心理战"。比如你还可以多争取一些向领导汇报成绩的机会，一方面可以在领导面前混个"脸熟"，另一方面也能潜移默化地让领导将你与"成绩"联系在一起，给领导留下一个能干的印象。

会说话

话说对了，
任何人都会听你的

每个人都会说话，但是有人说话人
人爱听，有人说话却没有人想听。
造成这种差距的原因是什么？主要
是情商上的差异。一句话采用不同
的说法，就能产生截然不同的效
果。如果你掌握了说话的技巧，那
么做事就会事半功倍。

当众演讲，
如何做到不冷场

当众演讲，最怕的恐怕就是冷场了。你在台上讲得慷慨激昂，台下听众却是一片静默，甚至昏昏欲睡，这种情况，光是想想都觉得可怕和挫败。

之所以造成冷场，说到底还是因为发言者讲的话缺乏吸引力。双方面对面地交流，如果一方不善于发言，另一方还能帮忙拯救一下。但是像当众演讲这样的单向交流，演讲者会不会说话、懂不懂控场，直接决定了这场演讲的成败。毕竟在演讲中，听众所扮演的只是一个"接收者"的角色，他们或许会出于纪律的约束或者礼貌而对你的讲话表现出十足的耐心，但最终你的演讲内容是否能真正被他们所接受、获得他们的认可，那就不得而知了。

为了避免冷场的发生，演讲者要掌握一些控场的小窍门：

1. 让发言尽量简短有力

任何的单向交流，发言应当越短越好。比如某商场在举行开业仪式的时候，总经理只说了两句话："女士们、先生们，热烈欢迎各位光临！现在我宣布，××商场正式开业！"

或许有人会觉得，这样的发言太过"简陋"。事实上，但凡参加过类似开业典礼或者会议的人，一定都深有体会：在这样的活动中，无论发言者讲了什么话、讲得多么精彩绝伦，大家其实都不关心，反而更期盼赶紧进入开业环节。

所以，为了避免让听众感到不耐烦，演讲者应尽可能压缩讲话时间。如果一轮讲不完，那么演讲者可以考虑利用间歇性的方式，给听众一些缓冲的时间，待听众有所反应之后再开始下一轮，不要把发言变成一场"马拉松"。

2. 暂停发言，转换话题

很多老师在讲课时，发现学生出现精力分散、昏昏欲睡的状况，常常会暂停讲课，穿插几句诙谐的话，或者简短地讲一些与教学相关的事例、故事等来调节气氛，等到把学生的注意力再次引回课堂上之后，再继续讲先前的内容。

老师授课其实也属于当众演讲的一种，而这种暂时转换话

187

题以吸引学生注意力的方式，其实就是把控演讲气氛的常用技巧之一。

人的注意力是有时效性的，不可能一直都保持高度集中，尤其是在面对自己并不是那么感兴趣的话题时，注意力的保持会比平时更困难。所以，在演讲中，为了避免出现台上讲话、台下睡觉的冷场情况，演讲者一定要时刻注意调节演讲现场的气氛。当你发现听众兴致缺乏、注意力涣散时，应当转换话题调节一下现场的气氛。毕竟，我们演讲的目的是希望能够将自己的一些想法和意见传递给台下的听众，如果听众对此无兴趣，演讲者自顾自地在台上讲，那演讲又有什么意义呢？

3. 及时终止发言

如果我们用尽一切救场的手段，仍然扭转不了冷场的局面时，那么还不如及时终止发言。毕竟无论对于谁来说，长时间的冷场都是残忍且浪费时间的，与其硬扛着，还不如果断闭嘴，让彼此都能轻松一些。

除了这种因演讲者的失败而造成的冷场，在演讲中，演讲者还可能会遇到少部分恶意破坏演讲的搅场听众。这种时候，如果处理不好，打乱了节奏，那么演讲者恐怕就不得不面对接下来的尴尬冷场了。

通常来说，会来搅场的听众主要有三种：一是对演讲者有成见，专门恶意破坏演讲的人；二是对演讲者所讲的内容嗤之以鼻，认为演讲者言之无物的人；三是对演讲者演讲的内容根本就不感兴趣的人。

面对不同的听众，我们自然也有不同的控场方法：

1. 坚定信心，置若罔闻

林肯第一次竞选美国总统的时候，在一次登台演讲中，还没开口，台下就已经掀起一阵嘲笑哄闹的声音。当演讲开始时，台下更是乱成一片，许多反对林肯的人甚至直接大声叫嚷着让他"滚出去"。

在这样的情况下，林肯依旧稳如泰山，全然不为所动，坚定不移地按照事先准备好的内容发言。渐渐地，在林肯的发言声中，会场终于安静了下来，听众都被他演讲的内容所折服了。第二天，报纸在报道这一新闻时，对林肯的演讲内容给予了高度的赞扬。

林肯很聪明，他知道那些前来搅场的人本身就是他的反对者，毕竟他们这么做，完全只是为了反对他罢了。这种时候，无论林肯和他们怎么争论，这些人都不会停下自己无礼的行为。因此，他直接选择无视了这些人，用自己精彩的演讲内容去征服那些愿意听他说话的人。

2. 谦虚谨慎，主动认责

  科·阿基诺夫人在参加菲律宾大选时，曾被很多人指责为"一个什么都不懂的家庭主妇"。每次演讲，她的反对者都会抓住这一点来攻击她，说她只配回家围着锅台转。但她从来不屑和这些反对者辩论，而是非常聪明地在演讲一开始便主动说道："众所周知，我只是一名普通的家庭主妇，对政治和经济都不甚了解，也缺乏经验。"

  每次这一诚恳坦白的话语出来后，那些叫嚣的人就哑了一半。然后她又接着说道："对于政治，我承认自己确实是个外行。但作为一名围着锅台转的家庭主妇，我可以骄傲地说一句，我很精通日常经济！"话音刚落，听众就爆发出热烈的欢呼声和掌声。

  当别人不停地抓住你的某一弱点攻击你，扰乱你的演讲时，你不妨主动地放低姿态，将自己的弱点大方展示出来，这样别人自然就不能再拿捏住这一点去攻击你了。更重要的是，诚恳坦白的态度往往能够帮助你赢得大多数人的谅解与好感，从而弥补自身弱点所带来的负面影响。

3. 幽默诙谐，巧言解困

某工厂宣传部部长到分厂宣传新政策，此时众人正在为下岗问题担忧不已。他刚宣讲完新出台的政策内容，会议室便炸开了锅，吵嚷个不停。为了将众人的注意力吸引回来，宣传部部长扯开嗓子大喊一声："报告大家一个好消息，我爱人下岗了！"

听到这话，众人都愣住了，眼睛直直地看着宣传部部长。接着，宣传部部长便将爱人如何主动要求下岗，家里人又是怎么看待这件事情等惟妙惟肖地给众人学了一番。大伙听得忍不住都笑了起来。等气氛轻松之后，宣传部部长这才简要地和大家讲述了为什么要下岗以及当前的下岗形势等问题。

对任何一位演讲者而言，幽默都是调节气氛最有效的"大招"，也是对抗冷场最有用的"利器"。

商务谈判，
怎样化敌意为利益

      在商务谈判的过程中，我们不可避免地会遭遇对方的故意刁难。当然，对方这样做未必就是对我们怀有恶意，而是将这种刁难作为一种谈判技巧，先发制人，从而掌握谈判的主导权，以此获得更多的利益。

      既然是商务谈判，那么我们和谈判对象之间的关系其实就是一种既要合作又要竞争的关系。因此在面对谈判对象的挑衅时，既不能过于强硬地得罪对方，破坏彼此之间的合作，又要想方设法地为自己争取更多利益，只有达成这两点，我们的谈判才算成功。那么，在谈判桌上，究竟怎样做才能化敌意为利益，在达成合作的同时也让对方知难而退呢？

1. 掌握谈判主导权

在任何一场谈判中，如果我们想要赢，就必须掌握谈判的主导权。如果因为害怕得罪对方而步步退让，我们就很容易让自己陷于劣势地位，被对手所压制，最终也很难达到谈判目的。

林先生在某出口卫浴公司任职，主要负责公司的涉外商务谈判。林先生认为："在谈判桌上，你必须要有底线和态度，将谈判的主导权牢牢掌握在自己手里。有些国外客户对中国的卫浴产品是歧视的，觉得把单子给我们就已经是一种恩惠了。遇到这样的客户，我是从来不会为了讨好他们而退让的。当然，和气生财，在表达自己的态度时，我们可以尝试委婉一些的方式。

"比如有一次，一位外商给我们公司下了100多万美元的订单，但他的价格压得有些低。更重要的是，他在和我谈判时，总摆出一副高高在上的样子，实在很令人反感。虽然那是笔大生意，但我知道，如果我选择退让，就必然会失去谈判的主导权。所以，当时我很委婉地告诉他：'抱歉，这个价格我需要再考虑考虑，但估计情况不会太乐观，毕竟产品的品质在那里。'当时那位外商很生气，一拍桌子就走人了。结果几天后，他主动找到我，以我方提出的价格签下了那笔订单。"

在谈判桌上，"谈"固然重要，但真正能决定谈判成败的，还是谈判的主导权。

2. 抓住对方的软肋

有谈判就说明有需求，只要有需求，就一定有弱点。在谈判桌上，很多谈判者为了掌握谈话的主导权，通常会掩藏自己的真实需求，甚至摆出强硬的态度来误导对手。在这种时候，我们就需要用敏锐的判断力去辨别真伪了。我们只要能找到对方真正的需求，抓住对方的软肋，就能有机可乘，掌握谈判的主导权。

要做到这一点，我们就要学会换位思考，站在对方的立场和角度上想问题，感受对方的感受，这样才能真正明白对方的需求。需要注意的是，在掌握对方的弱点之后，我们一定要有所甄别，找出那些可以挑明的"秘密"来作为谈判的筹码。但如果有涉及对方公司机密的信息，我们千万不要拿出来说，否则会激怒对方，导致谈判失败。

3. 巧施利诱，说服对方

任何的商务谈判，说到底为的都是利益，只要筹码足够多，任何的敌意都能变成利益。

朋友在某银行工作，负责信贷方面的业务。有一次，他被派往一家拖欠贷款的企业，催收该企业的外汇贷款。可想而知，身负"催债"重任的他必然不可能受到多么热烈的欢迎。而且，对方负责与他接洽的工作人员也一直推三阻四，不肯给个准话。

临告辞的时候，朋友灵机一动，非常巧妙地透露给对方一条"内幕消息"：近期国际外汇市场上美元对日元的汇率可能要下跌。

因为这家公司是通过收回日元再折成美元来偿还银行的美元贷款的，所以如果这一消息属实的话，就意味着继续拖欠下去，公司将要偿还给银行更多的钱。

这样一句没有任何催促之意的暗示，却直接触及对方的利益，让朋友顺利要回了贷款。

4. 描绘未来蓝图吸引对方

想必你一定看过类似这样的宣传语："花园式公寓，大片绿地，顶级装修，您将享受到尊贵有品质的生活""仰望湛蓝天空，俯瞰辽阔海洋，徜徉在一望无际的花海，在这里您将有一个最难忘的夏天"……

这样的广告语总是很容易打动人心，让人情不自禁地对这些描述中的美好画面产生期待与渴望。但你注意到了吗？这些极具煽动性的广告语中，所说的都是您"将"如何如何。这意味着，它所描绘的种种美好都存在于将来，是现在所没有的。但即使如此，很多人依然会因此对未来产生憧憬，从而自愿掏钱消费。

我们在谈判桌上其实也可以利用这一技巧，通过向谈判对象描绘未来的美好蓝图，来激发对方对此次合作的期待与憧憬，从而打动对方，化解对方的敌意。

当然，需要注意的是，我们在描绘未来的蓝图时，一定要做到实事求是，说话有理有据，这样对方才可能相信我们。如果我们为了打动对方，就不顾事实、故意夸大，反而可能会影响自己的信誉。毕竟能上谈判桌的人，又怎么可能是容易被蒙骗的"傻白甜"呢？

总而言之，商务谈判，利益是根本，正所谓"财帛动人心"，只要能够摸清对方的需求，给予对方足够的利益，那么一切的敌意必然都会被利益所打败，一切的合作必然也都将水到渠成。

产品推销，
最要紧的是走进客户的心房

做产品推销，除了推销产品，我们还得学会推销自己。要知道，在市场上，功能、价格不相上下的产品是非常多的，这种时候，能够吸引客户的，除了产品本身，还有销售人员的个人魅力。

一位心理学家曾指出：客户首先认识推销员，然后才认识产品。换言之，客户是在认可了推销员的人品和价值观之后，才会与之产生交易行为。可见，我们要想做好推销工作，关键在于自己能不能走进客户的心房，获得客户的信任。

我有两个朋友都是汽车销售员，但在不同的公司工作，也算是竞争对手吧。有一年，我打算换辆车，这事被这两位朋友知道了。两人都拿着宣传册来找我，热情洋溢地给我推荐合适的车。

朋友A虽然和我关系更为亲密，但他性格大大咧咧，做事粗心大意，如果把买车的事情托付给他，实在是很难让人放心。朋友B性格沉稳、做事严谨，只要他经手的事，很少会出纰漏。所以，我选择了从朋友B手上买车。

客观来说，产品什么样，与推销员并没有直接关系，同样的产品，即使换另外一个推销员来卖，也还是这件产品，其使用价值不会改变。但作为消费者，我们在购买产品的时候，其实并不能明确地评估出产品的真实价值，只能凭借其他方面的信息进行"测算"，产品的销售者——推销人员自然也是我们"测算"产品价值的重要依据之一。

就像我买车，我之所以选择从朋友B手上买，并不是因为朋友B推荐的产品比朋友A推荐的要好，而是根据以往的经验判断，我认为朋友B为人要比朋友A"靠谱"，于是自然而然地认为从他手上购买产品或许更保险一些。更何况，很多时候，我们购买商品，购买的不仅仅是商品本身的使用价值，还有销售方所提供的服务。既然如此，那么我们在选择购买渠道时，自然也就更愿意选择我们更喜欢也更有魅力的销售方了。

可见，在产品推销中，最要紧的事情是要走进客户的心房，当你能够赢得客户的信任时，这笔生意自然也就容易做成了。

安谨在一家成品油销售公司做业务经理，她很想把公司的润滑油产品推销给当地一家生产高级大客车的汽车制造公司。但这家汽车制造公司已经有了合作伙伴，她想要挤掉对方拿下这笔生意，可不是件容易的事。

要想拿下这笔生意，她就得先把能做主这笔生意的人给拿下。经过一段时间的调查，安谨发现，原来这家公司的老总是市业余乒乓球协会的秘书长，且酷爱打乒乓球。

得知这个消息后，安谨乐坏了，她本身乒乓球就打得很不错，学生时代还代表学校参加过不少比赛，家里的书架上还放着几个乒乓球大赛的奖杯呢。安谨决定，就以乒乓球为突破口接近这家企业的老总。

安谨先是花了近两个月的时间苦练球技，以求能恢复到自己巅峰时期的水平。然后安谨又加入了那位老总所在的乒乓球俱乐部，并很快以切磋球技为契机，和汽车制造公司的老总搭上了线。

由于安谨球技确实不错，一来二去，她还真和老总成了球友。两人甚至还共同商讨着要联合一些企业组织一场"企业杯"业余乒乓球大赛。

后来，通过组织乒乓球大赛，安谨和这位老总的关系越来越好。在来往的过程中，这位老总也逐渐发现，安谨的工作能力就和她的球技一样可圈可点。之后，润滑油销售的事情自然水到渠成。

每一位销售员都应该记住，在产品推销中，想要和客户成功建立营销关系，就必须先想办法打动他，让他对你感兴趣。而要做到这一点，最简单有效的方法就是投其所好。俗话说得好，物以类聚，人以群分。从共同爱好入手，是最容易拉近人与人之间关系的方法。

请记住，成功的产品推销，是从推销自己开始。当你能够将自己成功推销出去，获得客户的好感与信任时，那么你想做的生意也就距离成功不远了。况且，销售从来就不是一锤子买卖，要想和客户建立持续稳定的交易关系，你就得想办法成为客户的朋友，走进客户的心房。

求人办事，
如何让"No"秒变"Yes"

在现实生活中，我们遇到的"No"总是比"Yes"要多。脸皮薄的人在遭遇"No"之后，就会立即退缩，迅速放弃，生怕给别人造成困扰，也给自己抹黑。诚然，死缠烂打在任何时候都不会是一个好招数，既容易惹人反感，又容易折损自己的尊严。但如果每次一遭遇"No"，我们就选择退缩，恐怕我们将会错过很多可以翻盘的宝贵机会。

我们向别人请求帮助时，之所以得不到"Yes"的回应，未必就是因为对方不想帮助我们，而是也可能基于其他种种因素的限制。比如，我们的请求可能会给对方造成一定的麻烦；或者对方对我们缺乏信任，警惕性较高；甚至这可能只是一种出于自我保护的习惯性拒绝。

无论出于什么原因，我们都应当继续勇敢地做出尝试，也许下一秒就能得到截然不同的结果呢！生活总是充满惊喜，轻易放弃的人永远也不会有机会成功。所以，我们在遭遇拒绝的时候，与其忙着"感伤"，倒不如好好想想，如何才能让对方将"No"变成"Yes"。

在这一点上，我的朋友安娜总能带给我惊喜。

前些年，安娜还在香港工作。有一次，我到香港旅行的时候和她见了一面。她兴致勃勃地向我推荐了香港一家很有名的意大利餐厅，打算带我去尝尝那家餐厅的美食。

安娜推荐的餐厅我也有所耳闻，听闻他们家的酥脆薄饼和蒜香意粉实在是难得的美味，令人难以抗拒。但也因为如此，这家餐厅的位子基本上都得预订，尤其那天还是周末，想要成功订到位子，概率就跟中彩票差不多。但我们还是决定碰碰运气。

安娜拨通餐厅的订位电话后，和服务员发生了这样一组对话：

"您好，这里是××餐厅。"

"您好，我今晚需要一张两人桌。"

"抱歉，女士，今晚我们餐厅已经客满了。"

"如果我们6点钟左右就能到呢？"

"女士，很抱歉，今晚已经客满了。"

"如果7点钟以前我们就能吃完离开呢？"

在一阵短暂的沉默之后，对方说话了："请稍等，我帮您看一下……好的，没问题。"

就这样，我们顺利地在客满的意大利餐厅订到了位子，享受了一顿愉快的晚餐。

安娜就是这样神奇的人，她总能三言两语就说服别人改变主意。就连作为朋友的我也常常被她"忽悠"，不知不觉就会向她做出妥协。

从安娜身上，我学到了一些窍门，可以帮助我们在求人办事的时候，让对方将"No"的回答不知不觉变成"Yes"。

1. 遭到拒绝时，再试一次

要想改变"No"的结局，首先要确保自己还拥有继续"斗争"的资格。毕竟我们总得让自己有勇气、有机会再去试一次，这样才可能拥有改变对方答案和意愿的机会。

2. 以小博大，先提一个"小请求"

当一个人接受了他人的一个小请求后，就容易减弱自己的心理防备，同时为了避免认知上的不协调，或者想在他人面前保持前后一致的印象，从而容易接受对方更大的请求。这是心理学上的一种现象，被称为"登门槛效应"。

所以，当你不能确定自己提出的请求能不能被对方应允时，不妨先试着提出一个容易满足的小请求，当对方因不好意思拒绝而接受这个小请求之后，你就可以"得寸进尺"，直至提出自己真正的诉求。

3. 以退为进，先提一个"过分"的请求

与"登门槛效应"相反，以退为进也是说服对方答应你要求的一个有效方法。这种方法很简单，就是你在提出自己真正的诉求之前，先向对方提一个更难的请求，在遭到对方拒绝后，再"妥协"地将自己真正的诉求提出来。两者一对比，你真正的诉求会更容易被对方接受。

比如，在美国一所学校举行的慈善活动中，一个小女孩负责义卖饼干。每次她拦下目标顾客的时候，都会先问一句："请问您愿意捐助一千美元来做慈善吗？"通常人们都会礼貌地拒绝小女孩这个"过分"的请求。而在遭到拒绝之后，小女孩又会紧接着问一句："那么，您可以买一美元一盒义卖的饼干吗？"

对于人们来说，与一千美元相比，一盒一美元的饼干似乎还真不算什么，所以大家往往都会愿意进行一些妥协。他们甚至可能已经忘了，除了在两个请求中二选一，他们其实也是可以选择都拒绝的。

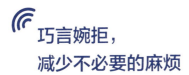

巧言婉拒，
减少不必要的麻烦

在日常生活中，我们必须学会开口拒绝，哪怕因为考虑到种种复杂的关系而难以开口，也必须学会张嘴说"不"。否则，我们很可能会招致不必要的麻烦，甚至落得个吃力不讨好的结果。

其实，与人交往，随心自在才是最重要的。你愿意帮助别人那自然是好事，但如果是因为被"道德绑架"，或者放不下自己的"面子工程"，那还不如集中时间与精力去做一些更有意义的，或是你真心喜欢并且更应该做的事。

通常来说，我们之所以觉得拒绝是件艰难的事，一方面是担心自己的面子，另一方面则是担心伤了别人的面子。其实，拒绝的方式有很多，我们完全可以利用语言的技巧，尽可能减轻"拒绝"给对方造成的失望感与不愉快。

有一次，好友老温要去山东出差，他上初中的儿子知道后，死活要跟着去玩几天。老温平时很宠孩子，不忍心直接拒绝，于是让儿子自己去向班主任请假，如果班主任肯批，那就去，要是班主任不肯批，那就没办法了。

第二天一早，老温的儿子就去找班主任请假了。班主任听完他的理由后，倒也没有直接拒绝，而是笑着说："旅游挺好，俗话说'读万卷书，行万里路'，人要增长见识，除了应该多读书，也应该多出门走走，开阔视野，丰富知识。挺好的想法！"

听到这里，老温的儿子心里很高兴，觉得这事是十拿九稳的了，笑嘻嘻地对班主任说："那老师您的意思是同意给我批假了？"

班主任却突然叹了口气，说道："虽然你这想法我觉得挺不错，可这一来一回就得好几天，现在大伙都忙着准备中考，一个个正努力冲刺呢，你这一去，得落下多少功课啊，对你学习的影响可就太大了！"

讲到这里，老温的儿子有些动摇，既想跟着去山东玩，又有些挂念成绩的事。

班主任又接着说道："其实多出门走走看看真挺好的，只不过现在时机可能不太对，如果把学习耽误了想再补回来，那花的力气可就大了。倒不如铆足了劲儿把这几个月撑过去，等到假期再放开了去玩，你觉得怎么样？"

最后，老温的儿子没能顺利请假去山东，但他也没闹脾气，虽然请假失败这件事让人有些沮丧，但一想到班主任赞扬了他的想法，心里还是感到很开心的。

看到这里，想必大家都知道了，其实从一开始，班主任就没想过要给老温的儿子批假条。毕竟哪里有老师会让学生请假出去玩呢？但班主任很聪明，知道如果直接拒绝老温的儿子，势必会影响他的心情，即使最后把他强留在学校上课，恐怕他也是心猿意马，会情绪低落。所以，班主任很巧妙地利用了"先扬后抑"的方式，委婉又循序渐进地拒绝了他请假的要求。

诸如这种先肯定再否定的拒绝方式在生活中是非常实用的，它的特定句式包括："你的看法还是对的，不过……""我也这么认为，但是……""你说得太对了，可问题是……"等，这种句式一出，十有八九就是在表达拒绝的意思了。

人的情绪其实是很容易受影响的，接收到拒绝的信息会感到不愉快，但接收到赞扬和肯定的信息则会感到很愉悦。我们之所以害怕拒绝的态度会伤害人，是因为无论谁在遭受拒绝后，情绪都不会太好。既然如此，为什么不考虑在拒绝的同时加入一些能够让对方愉悦的东西，以此来帮助我们淡化甚至减弱对方因受到拒绝而产生的负面情绪体验呢？比如就像我们上面说的先扬后抑，先肯定再否定。

总而言之，无论是谁，都一定要学会拒绝。这不仅是对自己负责任，同时也是对他人负责任。当你因为不忍伤害别人而勉强自己去配合，做一些自己不愿意做的事情时，必然会产生不好的情绪，而这些不好的情绪也会反过来影响你，使你抱着不情愿的态度去做这件事。

要知道，人对情绪的感知是非常敏锐的，除非对方非常迟钝，而你又有着影帝级的演技，否则你的不情愿和坏情绪必然不可能藏得严丝合缝。你自以为自己的"牺牲"是为了成全别人，但对别人而言，相比你这种不情不愿的"牺牲"，或许还不如直接坦白地拒绝来得舒服呢！

更何况，只要会说话，哪怕是拒绝，我们同样也能说得很动听。就像老温儿子的班主任，在循序渐进中就把拒绝的话语巧妙委婉地表达出来了，既没有引起对方的警觉，也没有给对方造成被拒绝的伤害，又最大限度地避免了许多不必要的麻烦，堪称高情商的典范！

第9课

懂社交

你跟谁在一起，
决定了你进阶的层级

人脉是当今社会最重要的资源之一。优秀的人脉能够为你带来便利、为你带来财富、为你带来成功的机会。如果你有足够优秀的人脉，那么你艰苦奋斗的时间就能大大缩短。

有效社交，
就是多和优秀的人交往

古语有云："与君子交友，犹如身披月光；与小人交友，犹如身近毒蛇。"

乔治·华盛顿也告诫年轻人："当你有闲暇和别人交往的时候，一定要结交你所在地方的最佳伙伴。这样做，能使你的言谈举止受到熏陶、性情得到陶冶。而且，你结交良朋益友，总不会像结交酒肉朋友那样浪费金钱。"

我一个朋友的女儿在英国留学，可谓是花钱如流水，一个月光生活费就得花十几万元。因为朋友虽然经济条件还算不错，但也算不得什么富豪，自然希望女儿能节省一些，所以两人常常因为生活费的开支而发生争执。

有一次，我到朋友家做客，正巧碰上朋友和女儿又为生活费的开支而争执。朋友指责女儿花钱大手大脚，一点也不体谅父母的辛苦。朋友的女儿也觉得很委屈，她说："你们总指责我乱花钱，那怎么不想想，当初是谁鼓励我多去和那些家庭条件好的人交朋友的？人家个个穿名牌，我总不能穿一身杂牌子吧？这样谁会看得起我？人家有钱，今天约着去古堡旅游，明天约着去商场消费，后天约着去高级餐厅聚餐。我一次不去可以，如果两次不去、三次不去，以后谁还会约我，谁还会和我做朋友？"

朋友和女儿的这场争吵让我很是触动。朋友希望女儿结交家庭条件好的朋友，自然是希望日后这些朋友能够成为女儿强大的人脉。而结交这些"有钱朋友"的代价，就是大把地花钱，和他们步调一致，与他们维持同一层次的生活水平。

可见，人与人之间的相互影响其实是非常大的，你与什么样的人在一起，自然就会沾染上对方的一些习性，正所谓"物以类聚，人以群分"。

在这个世界上，成功者总是与成功者结伴，失败者也都习惯与失败者牵手，不幸的人总是和不幸的人同病相怜，懒散的人也容易与懒散的人抱成团。因此，不要小看人际关系的影响，社交圈子不仅决定了人脉关系网的强弱，同时也是性格塑造和世界观、价值观形成的重要导向。

想让社交对我们产生积极的影响，成为帮助我们获得成功的强大助力，就必须学会甄别什么是有效的社交、什么是无效的社交，从而避免无效社交，提高有效社交在自己的社交圈的比重。

那么，到底什么是有效社交，什么是无效社交呢？

　　简单来说，如果你在一段社交关系中，收获到的正面的东西要远远高于负面的东西，那么这段社交关系就是有效社交；相反，如果你在一段社交关系中，只能收获负面的东西，或者相比正面的东西而言，收获更多的是负面的东西，那么这段社交关系就是无效社交。无效社交不仅不能为你提供任何好的帮助，有时甚至可能会直接伤害并影响你的未来。

　　比如，我在大学时代曾认识的一个朋友。一开始，他优雅的举止和独特的才华吸引了我，我将他作为挚友。但很快，我就发现了他身上的许多毛病——虚荣、酗酒、好赌、擅长欺骗。这些毛病让我感到非常失望，但我并未立即远离他。那时候，我还单纯地认为，人无完人，虽然他身上有一些不好的品质，但这并不妨碍我欣赏他身上好的一面，也不妨碍我们继续做朋友。

　　但在他的影响下，我学会了打麻将，甚至还在他的怂恿和诱惑下跟着他去了两次地下赌场，输掉了我一个月的生活费。更可怕的是，"能言善辩"的他总是能把他那些不那么正面的思想说得头头是道，将其灌输到我的脑海里。直到某天，父母委婉地告诫我不要总想着和别人攀比时，我才猛然意识到，自己的消费习惯已经在不知不觉中受到了影响。

　　后来，我渐渐疏远了那位朋友。那是我人生中做的一个非常正确的决定，直到现在我依然这样认为。虽然他风度翩翩、才华横溢，我也相信，和他在一起，我能学到很多东西，但同时我也很清楚，假如继续和他交往下去，那么我可能会沾染上更多的恶习。而那些恶习会对我的人生造成不可逆转的影响，让我坠入深渊。二者相比，我可能受到的伤害将远远胜过我能得到的好处，这绝对是一种应当果断舍弃的无效社交。

不好的社交关系是制约我们走向成功的重要因素。如果没有和谐的人际关系和健康的社交圈子，那么我们未来的发展必然是非常不顺利的。所以，为了未来的良好发展，在建立社交关系的时候，一定要记住，我们要将自己的时间与精力投放到有效社交上，多与那些优秀的人为伍。

社交分层次，相处有模式

　　社交是非常耗费时间的事情。要想维持一段长久的关系，你就必须拿出时间与精力去进行投资。然而，每个人的时间和精力都是有限的，毕竟社交只是我们生活的一个组成部分。因此，为了让人脉资源实现利益最大化，我们一定要懂得时时对社交圈进行优化，把每一段社交关系都归档分类，明确哪些社交关系值得投入大量精力与时间去维护，哪些社交关系价值不大，可以少投入一些时间与精力。

　　有人可能会质疑：这样做未免太功利，也太不真诚。诚然，我们与人相交，贵在真诚，只有付出真心才能换来他人的真心相待。但我们给社交对象分等级、分层次，与真诚与否其实并不冲突。

　　每个人一生之中可能建立的社交关系是多种多样的，可能有志趣相投的朋友，可能有利益合作的盟友，可能有因工作而捆绑在一起的同事，可能有偶然相识的朋友，也可能有因某些巧合而结缘的陌生人……甚至就连"朋友"，也都可能分出个三、六、九等。我们不可能用同样的态度去对待不同关系的人，更不可能对每一个与我们有交集的人都付出同等的时间与精力。一只手的五个手指还有长短之分，错综复杂的社交关系又怎么可能没有远近亲疏的区别对待呢？

这一点，我的朋友姜哲就看得很清楚。

姜哲在单位也算得上是个小领导。作为一名公认的社交达人，姜哲最自豪的事情莫过于朋友遍天下，什么圈子的都有几个。他也常常和大家开玩笑，说自己朋友数量之多，堪称"天下第一"。

有一次，一位朋友很好奇地问姜哲："你有那么多的朋友，都会同等地对待他们吗？"姜哲想了想，笑着回答说："当然不可能同等对待，不同的朋友，那是要分出等级、分出层次的啊！"

听了姜哲说的话，大家都有些惊讶，那位发问的朋友也颇有些不是滋味地说了一句："这朋友还要分等级、分层次啊？怎么分？莫不是看谁利用价值更大吗？"

姜哲坦然地说，自己交朋友从来都是诚心诚意的，但凡是了解他、和他相处过的人都知道，他从来不是个利用朋友的人。但别人和他交朋友却未必抱着一颗诚心，事实上，在他的朋友圈中，真诚相交的人虽然不在少数，但想从他身上获得一定利益，掺杂着其他关系的人同样也不少。

姜哲说："我总不能对那些心存恶意、不够诚恳的人也推心置腹吧？更何况，朋友之间的情分也有亲疏之别、相处也有远近之分，如果我对所有人都抱有同样的态度，用同样的方式和他们相处，那些为我付出更多、与我更为亲近的人又该怎么看我呢？

"再者，人与人交往，最重要的就是两个字：舒服。不同个性、不同身份地位的人，自然也有着各自不同的习惯和喜好，我们不可能用同一种态度去面对所有不同的人。所以，给自己的社交关系分等级、分层次，对维护彼此之间的关系来说，其实同样也是大有好处的。"

随后，姜哲和我们分享了他的一套社交策略：

1. 与上司相处，把握好分寸

在职场中，员工与上司之间的距离是一个非常敏感的话题。你与上司关系太远、太生疏，会让自己很难有出头的机会；与上司关系太过亲近，又容易引发是非，甚至在一定程度上会侵犯到上司的威严、引起上司的反感。

所以，在和上级领导相处的时候，我们一定要注意把握好分寸，不能距离太远，也不能距离太近，既要恰到好处，又要不失恭敬，这才是最理想的上下级关系。

2. 与同事交往，若即若离

步入职场之后，每天和我们打交道最多的，就是公司的同事。我们与同事相处，每天抬头不见低头见，时间长了，彼此之间的距离自然也就越走越近。但需要注意的是，同事对于我们来说，不仅仅是同一个公司甚至同一个部门的伙伴，同时也是我们的竞争对手。有竞争就意味着存在利益的冲突，存在利益的冲突就意味着彼此之间的关系不可能只是单纯的友谊，肯定还存在一定的戒备。

所以，为了不必要的麻烦，同时也为了保护好自己的利益，我们在与同事相处时，一定要记住：害人之心不可有，防人之心不可无。若即若离、相互尊重、守住底线，才是与同事最正确的相处模式。

3. 与下属往来，以心换心

中国有句俗话："女为悦己者容，士为知己者死。"作为上司，在面对下属的时候，除了给予他们与付出相当的回报，还要懂得笼络人心，给予他们情感上的回馈，比如赞美、肯定、信任等。这不仅是一种有效的驭下策略，更是一个合格的领导者应当承担的责任。

一个成功的上司，必定是一个懂得关心、体贴下属的上司。作为上司，要能够从心里去尊重你的下属、理解你的下属，并对他们的一切付出都予以肯定。

4. 与文化人相交，要彬彬有礼

我们和博学的文化人打交道，诸如某领域的专家或学者等，最好讲规矩一些。彬彬有礼、谈吐文雅，是大部分文化人最为欣赏的一种"调调"。我们用这样的态度与他们相处，即使不能赢得对方的好感，至少也不至于引起对方的厌恶或反感。

社交分层次，相处有模式——这样做不仅能够帮助我们节约大量的时间与精力，同时也能帮助我们迅速找到和不同人打交道的最好方式。我们与人相交，在让对方感到舒服的同时，也让我们付出的努力有事半功倍的效果。

紧跟有前途的上司，
你也会前途无量

有人说，很多时候，一个人想要成功，选对方向比付出很多努力更重要。就像我们赶路，要抵达某个目的地，首先得选对路，要是方向走错了，南辕北辙，那么跑得越卖力，会离终点越远。

职场同样也是如此，我们要想前途顺畅，就得选对老板。一位有前途的上司所能带给你的，不仅仅是满意的薪资和福利待遇，更重要的是未来广大的晋升空间。即使日后离开，在跟随上司期间，你也能够从他身上学到很多对日后发展有益的东西，比如工作的经验、技能等。

从某种程度上来说，你真正在职场中闯出自己的名气、站稳脚跟之前，你的前途与上司的荣辱成败是脱不开关系的。就像很多影视作品中的演员一样，站在反派阵营的人在反派落败之后，往往都不会有什么好下场；而那些曾为主角保驾护航的人，在主角崛起之后，也能够获得意想不到的回报。

那么，我们怎样去判断一位上司有没有前途、值不值得我们追随呢？上司的前途究竟如何，谁也不能未卜先知，但在职场中，如果你有幸遇到以下几种类型的上司，那么请一定要紧随其后，追随在他们身边，哪怕最后并没有获得跟着他晋升的机会，但至少我们会学习到很多对未来职场的发展至关重要的东西。

1. 具备成功经验的上司

成功是有惯性的，一个曾有过成功经验的上司，必定有其独到的成功秘诀。而且，既然这个上司有成功的经验，那么至少可以肯定，他的管理能力和领导能力是毋庸置疑的，值得我们模仿和学习。

假如你遇到的上司是一位"屡败屡战"的勇者，那么除非你是真的和他很有共鸣，否则还是要谨慎考虑。毕竟失败和成功一样，往往也是有惯性的。当然，如果你自诩有一双慧眼，能够发掘被掩藏的"金子"，那么想要搏一把也未尝不可。

2. 目标明确、行动果断的上司

目标明确、行动果断的人，通常情况下都具备缜密的思维，能够把自己事业的方方面面都考虑到。更重要的是，这样的人有着很强的行动力。

跟随这样的上司，你也一定能够学到很多有用的东西。

3. 能给你发展空间的上司

如果你有幸遇到这样一位上司，还需要考虑什么呢？坚定地跟在他身边，绝对能够让自己受益匪浅。因为这样的上司不会只把下属当成为公司创造利润的机器，而是把下属看作支撑公司发展的动力与支柱。所以，他会为员工提供发展的空间和展示的舞台，会为员工创造一切能够提升能力的机会，以培养员工的方式来促进公司发展，从而与员工实现共赢。

4. 能给你锻炼机会的上司

一位能给员工带来成功机会的上司，非常擅长在工作实践中培养员工的工作能力。跟随这样的上司，你可能会面临不小的压力，但相应地，你也会学到很多东西。如果你是刚踏入职场的新人，能够遇上这样一位上司，绝对是件非常幸运的事。因为这样的上司就像磨刀石一样，会挖掘出你最大的潜力，将你打磨成锋利的宝剑，帮助你在职场中快速成长起来。

5. 胸怀宽广的上司

任何一个胸怀宽广的上司对于下属而言都是具有很强的吸引力的，因为这样的上司不仅善于发现下属的优点和长处，并且通常都不会吝啬于在下属身上做投资。此外，这样的上司对下属往往也具有较强的包容性，甚至乐于担当下属在职场路上的导师。可以说，能够有幸遇到这样的上司，对于任何一个职场人士而言，都是件非常幸运的事。

6. 善于放权的上司

作为领导者，"事必躬亲"从来就不是一个褒义词。人的时间和精力是有限的，在不必要的地方浪费时间过多，在重要的地方必然就会有所疏忽。所以，一个合格的、有前途的上司，必然是一个懂得在工作中"抓大放小"、乐于给下属放权的人。也只有这样的人，才能真正做好领导工作，成为企业的领头羊。

需要注意的是，善于放权不等于玩忽职守。一个懂得放权的上司，是不会对下属放任不管的，他们更懂得如何利用下属的优点和长处，最大化地发挥下属的价值，适当地进行监管和控制。如果遇到这样的上司，你就赶紧跟上去吧，只要运气不是太差，你的前途必定一片光明。

7. 自律的上司

自律是成功者最令人称道的品质之一。一个自律的人必然会是一个强大的人，因为不论做任何事情，他都能够约束自己，让自己坚定不移地按照计划一步步执行下去。这样的人，无论想做什么事情，成功率都是比较高的。所以，如果你发现你的上司拥有良好的生活习惯，不论何时都能保持自己的节奏与规律，展现出极强的自律精神，那么就牢牢抱住他的"大腿"吧。这样的上司，即使不能做到一鸣惊人，也必定能够稳步前进、步步高升。

不要等到有所请求，
才想起朋友

你身边有没有这样一些人：平时不见人影，没事绝对不主动联系，哪天要是找上门，绝对是有事要你帮忙。

朋友之间互相帮助并不奇怪，但面对那种"无事不登三宝殿"的朋友，再深的交情恐怕也会越磨越少。有谁会愿意充当一个呼之即来挥之即去的免费劳动力呢？任何一种关系的维系，都是需要付出时间和精力的，有来有往，感情才能长久。我们不要总是等到有所请求，才终于想起你的朋友。

前阵子朋友大伟跑来找我诉苦，说突然收到以前一个许久不曾联络的同事发来的信息——找他借钱。

大伟一边郁闷地诉苦，一边给我看那位同事发来的信息，上面写着：兄弟，十万火急！我母亲因重病急需做手术，现在就躺在医院等着救命。你能不能借给我点钱，多少都行！

大伟说，他和这位同事已经近一年没联系了。当初在公司的时候，他们的关系比较好，所以在刚离开公司那会儿，偶尔还会发个微信。但后来，那位同事的态度渐渐冷淡下来。因为两人没在一起工作，也没有什么共同话题，所以渐渐地也就不来往了。

大伟前几天突然收到那位同事发来的信息，询问自己的近况，当时还是很开心的，仿佛感受到了久违的"同事爱"。可他没想到，这客套话还没说上两句，对方借钱的信息就过来了。

"其实我可以理解，毕竟他母亲现在人在医院，只要能借到钱，通讯录上的联系人，肯定都想试试。但我就是觉得心里不舒服，一开始我真以为他就是因好久没见突然想起我来了，所以发微信关心一下，跟我联络联络感情。结果呢，他是来借钱的。我就感觉，一盆冷水浇在头上，简直是透心凉啊！"大伟无奈地感叹道："之前在网上看到有人说，很久不见的同学、同事什么的突然联系你，那肯定不是要结婚就是要借钱。本来我还不相信，现在看来，全是真的啊！"

在这个世界上，没有谁天生就该为谁付出，你希望别人能成为你的助力，那么平时就应当用心去经营你们之间的关系，别等遇上了事情，才终于想起被你丢在角落的"朋友"。要知道，再深的感情，缺乏来往，也会被时间磨光；再好的关系，缺乏维系，也经不起几番折腾。

对于社交，很多人以为只要建立了关系，就握住了人脉。殊不知，任何一段关系，想要长久稳定地维持下去，都是需要长久经营的，所谓"建立交往"只是第一步罢了。感情投资是一个长期"项目"，要想做好这个"项目"，我们就必须习惯将感情的维系当成一个日常的任务去做。而只要能做好这个"项目"，我们所能获得的回报就会是十分可观的。

那么，我们要想维系好自己的社交网络，巩固自己的人脉关系，有哪些事情是需要注意的呢？

1. 整理你的社交关系

面对错综复杂的社交关系，即使是最严谨的人，也难免会有疏漏。这种时候，还有什么比一个笔记本更好用呢？把你的社交关系整理清楚，记下那些重要的资料，然后做一个详尽的计划，而这些将会成为你在社交活动中的重要资本。

我的一位朋友是个社交高手，他总能恰如其分地维护好自己的人际关系。几乎每一个与他相识的人都能时不时收到来自他的问候，节假日、生日的祝福更是不曾落下。与他关系亲近的人更是能够全方位地感受到他的体贴和真诚。

而他之所以能做得如此面面俱到，并不是因为他的记性有多好，或他本人有多细心，而是因为他手上就有这样一个笔记本，上面清清楚楚地记录了所有他重视的人脉资源。为了维系好重要的人际关系网络，他甚至给自己做了一个全面的计划，就连大概时隔多久要和哪些人联系一番都计划得清清楚楚。

2. 参加必要的聚会

不管是想要积累新的人际关系，还是想要维持旧的人际关系，参加一些必要的聚会都是最有用的方式。

现在，人们组织的聚会类型可谓多种多样，有同学聚会、同事聚会、老乡聚会乃至各种培训班聚会、俱乐部聚会等。这些聚会实际上都是社交的手段，不同类型的聚会，目的自然也有所不同。如果你希望能够为自己积累新的人脉，或维系必要的社交关系，那么不妨挑选出一些对你有用的聚会，积极参与，相信一定能够有所收获。

3. 保证平时的联系频率

怎样才能维系好人与人之间的感情？答案其实很简单，平时多联系就行了。

感情是需要沟通的，无论你平时有多忙，如果真的在乎一段交情，就一定要保证好双方平时的联系频率。也别再以忙碌为借口了，哪怕你再忙，抽出几分钟的时间发条微信，想必也不会对你的工作和生活造成什么影响。很多时候，有些事情我们不是没时间去做，只是没用心罢了。

4. 锦上添花不如雪中送炭

锦上添花永远都抵不过雪中送炭。当发现身边的人落难时，你不要吝啬举手之劳的付出，给自己结一段善缘，或许日后就能收获意想不到的回报。风水轮流转，人生的际遇如风云变幻，谁也说不清楚下一刻是什么样子。不妨趁着自己有能力的时候，多帮助一些潦倒落难的"英雄"，将来某一天，他们或许会成为你重要的资本。

第10课

爱学习

我相信将来的你，一定会感谢不曾佛系的自己

学习是一个不断提高的过程，虽然结果收获颇丰，但过程异常辛苦。有些人认为，如果活得佛系一点，不那么功利，就会更轻松一些。但"人无远虑，必有近忧"，一时的轻松可能会带来一世的忙碌。在你佛系的时候，你永远不知道都有什么机会已经从你身边溜走了。

知足常乐？
那是爸妈们该做的事情

　　某公司在公告栏贴了一张海报，内容是：如果你想突破自我，升职加薪，走上人生巅峰，就请前来报名参加一个月后的内部竞聘吧！招聘职位有两个，一是业务培训专员，二是职场规划师。

　　公告栏就设在公司的食堂门口，只要去食堂，就能看到公告栏上的海报，但大部分员工对此却视而不见。虽然有一部分员工兴致勃勃地跑来凑一凑热闹上前看看，但很快就把这事抛诸脑后了。

　　结果，真正报名参加这次内部竞聘的人只有十几个，这个结果大大出乎公司领导的预料。因为报名人数较少，所以所有报名的员工都得到了免费培训的机会。培训结束后，五名表现优秀的员工顺利获得职位，一跃成为管理层，薪水也得到大幅度的提升。其他参加培训的员工虽然没有通过竞聘，但也获得了领导的肯定。

思想决定命运。看到有职场进阶希望的海报，还不赶紧行动，等什么呢？一个人能走多远，往往取决于这个人能看多远。真正渴望成功的人，是永远不会满足的。他们会选择顽强地战斗，坚持不懈地超越自我。也只有这样的人，才能真正超越平庸，缔造辉煌。

一位记者在采访球王贝利时问了他这样一个问题："你认为自己哪一个球踢得最好？"

那时候，贝利还只是巴西足坛初露锋芒的新人，他回答说："下一个！"

后来，贝利成为举世闻名的球王，踢进1000多个球。当年采访他的记者又问了同样一个问题："你认为自己哪一个球踢得最好？"

贝利的回答仍旧和从前一样："下一个！"

若没有这样的上进心和对自己的永不满足，球王贝利就不可能一次次创下奇迹。人一旦开始满足于现状，即使拥有无限的潜能，也只能止步于有限的成就。我们的脚下永远都有两条路，一条平顺安逸，另一条坎坷崎岖。若没有上进心，谁又会放着舒适的日子不过，非逼自己去"历劫"呢？然而我们也都明白，任何一条能够通往辉煌的道路，必然都不会太好走。

人生犹如逆水行舟，不进则退。要想在这个竞争激烈的社会立足，我们就必须不断进步，提升自己的实力，保持一种"不满足"的心态。只有对自己不满足、对生活不满足，我们才会行动起来，为自己创造一个全新的未来。

能够在事业上有所建树的人，都有一个共同点，那就是永不满足、持续进取。著名的思想家马克思也曾说过："任何时候我都不会满足，越是多读书，就越深刻地感到不满足，就越感到自己知识贫乏。"正是因为不满足，所以我们才会无畏前行、奋斗进取，不断提升人生的价值。

所谓的"知足常乐"，那是爸妈们才应该去考虑的事情，二十几岁、三十几岁，正是拼搏奋斗的年纪，何必忙着去"佛系"？别在该拼命奋斗的年纪选择安逸，把自己原本辉煌的人生白白放弃。

众所周知，画家在创造出一种适合自己的绘画风格之后，通常就不会再改变了。那些已经得到世人认可的画家更是如此。

然而，毕加索却是一个"异类"。他在一生中创作了成千上万种风格不同的画。他的作品有的色彩明艳丰富；有的用黑色线条勾勒，显得难看、凶狠又古怪；有的描绘事物的本来面貌；也有的仿佛把所画事物掰成碎片再重新拼凑起来……

在绘画上，毕加索一生都不曾停止过探索，甚至到了90岁高龄，他依然在寻找着新的思路，用新的表现手法来表现他的艺术思想。他去世的时候91岁，如果不是死神的降临，相信依然没有任何人、任何事可以阻止他继续探索绘画世界的步伐。

无论在哪一个领域，最出色的人永远都是那些不知道满足的人。因为不满足，所以他们才能始终坚持积极进取、努力奋斗；因为不满足，所以他们才能不断超越自我、完善自我，从而创造更加辉煌的成就。

奋斗从来就不是一件容易的事。在奋斗的道路上，我们或许要经历无数次的跌倒，或许要忍受漫长的孤独，或许会被荆棘与陷阱伤得体无完肤。相比奋斗的艰难困苦，选择安逸显然要轻松得多。

但我们也应当明白，选择安逸便意味着我们将停下前行的脚步，在所站的这片土地上安营扎寨。有人将这称为"知足常乐"，但"知足"的代价却可能是从此与成功失之交臂。人生就像一条河流，奔腾不息是它的宿命。若这条河流停下脚步，将自己禁锢在某一阶段，那么总有一天，它会在大地上干涸，失去蓬勃的生命力。

年轻的你，别忙着选择"佛系"，不曾努力奋斗过的人生，怎么可能明白"知足"的真正含义？真正能够做到"知足常乐"的人，必然都是那些曾经全力拼搏奋斗过的人。因为一个人只有爬过最高的山峰、看过最美的风景，才能真正看清楚自己内心的渴望，真正为自己所拥有的一切而感到满足与快乐。

先别说佛系，
首先你要有说"佛系"的资历

我们都知道一个曾经很红的网络词汇——佛系。

什么是"佛系"？简单来说就是：有也行，没有也行，不争不抢，不求输赢。

在陈继儒的《幽窗小记》中有这样一副对联：宠辱不惊，闲看庭前花开花落；去留无意，漫随天外云卷云舒。这副对联大概是对"佛系"状态最美的一种诠释了。

当一个人真的能够做到宠辱不惊、笑谈名利的时候，说明这个人的灵魂真的很强大，已经参透生活的真谛，能够用平静淡然的心态来面对一切得失荣辱。这是非常令人敬佩的，也是每个人应当努力修炼的心态。

但现在，很多年轻人口中高喊的"佛系"，与这种发自内心的平和与淡然是截然不同的。真正的放下，是在经历过拿起之后的释然；同样地，真正的佛系，也当是在经历过繁华之后的淡然。换言之，一个连名利都不曾拥有过的人，何来"笑谈"名利；一个连巅峰都不曾爬上去过的人，何来淡然？真要谈佛系，首先你得有资历啊！

前些日子，朋友琼离婚了。刚听到这个消息的时候，大家都觉得很惊讶，但转念一想，又觉得在情理之中。

琼的丈夫是她大学时代的学长，一个妥妥的文艺青年，而且还是个特别"佛系"的文艺青年。琼和她丈夫是在大学文学社认识的，琼加入文学社的时候，她丈夫正好是文学社的社长。两人认识后，琼很快就被丈夫的才华所折服，于是两人很快确定了恋爱关系。

琼的丈夫来自一个小县城，父母均在机关单位任职，工资不算高，但福利待遇还算不错。大概是因为有一颗文艺青年的心，琼的丈夫总表现得对物质条件毫不在意，而且不论对什么事情，都没有什么胜负心，好像什么东西都入不了他的眼似的。

因为琼的丈夫实在太"清高"，所以我们一众朋友和他相处也始终是不咸不淡的。但琼很喜欢他，而且总把他说的一些话奉若金句，觉得他是个"不染凡俗"的人，更注重精神层面的修炼。

大学毕业后，琼的丈夫进入一家小杂志社当编辑，薪资水平不算高，但也足够养活自己了。琼的父母都是大学教授，在本市有一些人脉关系，在得知两人的恋爱关系之后，便利用自己的人脉关系帮琼的丈夫争取到一个去某出版社工作的机会。

当时，有两个不同的工作岗位可以选择：一个岗位工作比较辛苦，压力也相对要大一些，但同时也具有较大的晋升空间；而另一个岗位则向来被内部人士戏称为"养老岗位"，说白了就是工作简单轻松无压力，但也没有什么前途。最终，琼的丈夫选了"养老岗位"，理由十分"佛系"，就是不喜欢那种成天为名利争争抢抢的生活。

虽然琼的父母对这个准女婿不是很满意，但琼在毕业之后还是嫁给了他。褪去恋爱时的光环，两个人彻底回归现实生活之后，很多从前不曾意识到的问题相继爆发出来。

在工作上，琼的丈夫是个毫无上进心的人，每天懒懒散散，拿着一份固定的工资，回家不是打游戏就是搞他的文艺小创作；在生活中，琼的丈夫也没什么追求，生活条件是好是坏都无所谓，住大别墅挺好，住小平房也没什么问题；就连孩子的教育问题，琼的丈夫也完全不上心，别人都在挤破头地想把孩子送进好的幼儿园，琼的丈夫却觉得一切随缘就好，不管读什么学校都一样。

天长日久，琼和丈夫的分歧越来越多。离婚的导火索源自一次同学聚会。在聚会上，琼见到很多许久不曾联系的老同学，大家纷纷交流了一下彼此的现状。从前，在学校里，琼一直是班级里的风云人物，人长得漂亮，成绩又好，追求者也多。可现在，琼却发现，自己好像活得越来越退步了。尤其是曾经在学校追了琼四年的那个男生，毕业之后自己创业，现在已经是个大老板了，还上了报纸，被评为市里的"十大杰出青年企业家"之一。

聚会之后，琼一直很郁闷，正巧那段时间，琼听说丈夫所在的出版社和某集团打算合作一个项目，便想鼓励丈夫去争取这个机会。但"佛系"的丈夫怎么会去干这种"争争抢抢"的事情呢？两人因此大吵一架，最终闹到了离婚的地步。

像琼的丈夫这样的人，相信每个人都曾遇到过。他们不思进取，把生活过成了一潭死水，没有期待，却还总是扯着诸如"淡然""佛性"的大旗，宣扬着所谓的"知足常乐"。

罗曼·罗兰说过这样一句话："世界上只有一种真正的英雄主义，就是认清了生活的真相后还依然热爱它。"

人生真正的释然，是历经风雨后的成熟与看透，而不是找一个冠冕堂皇的理由，将自己藏在温室中。所谓的"佛系"，是那些经历过人生的大起大落，努力奋斗过的人才有资格说的话。

一个人，连努力的滋味都不曾品尝过，又有什么资格去蔑视努力呢？一个人，连名利的尾巴都不曾抓住过，又有什么资格说自己"视名利为粪土"呢？那些在本该奋斗的年纪却举着"佛系"大旗逃避的人，不过只是被残酷现实吓退的懦弱者罢了。假装看透与释然，比现实和功利更让人不齿！

请记住奥斯卡·王尔德曾说过的一段话："你拥有青春的时候，就要感受它。不要虚掷你的黄金时代，不要去倾听枯燥乏味的东西，不要设法挽留无望的失败，不要把你的生命献给无知、平庸和低俗。这些都是我们这个时代病态的目标、虚假的理想。活着，就要把你宝贵的内在生命活出来，什么都别错过。"

别在应当奋斗的年纪大谈"佛系"，那是对你自己最大的欺骗。先努力去生活吧，等你有了足够的资历，等你认识了生活的真相，等你真正尝试过奋斗与成败，你才真正有资格谈"佛系"。

成功者的成功，
永远在下一个地方

偶然在网上看到一篇文章，文中有这样一句话：人生最好的部分，永远都在下一站。

在生活中，我们常常会听到有人说诸如"最喜欢""最讨厌""最好""最倒霉"之类的词汇。然而，人生连大半都还没过去，又怎么会知道眼前的东西是不是"最"呢？也许下一刻你走出去，遇到的东西便又远胜过你曾见过的或拥有的。

因为未知的明天永远都藏着惊喜，只要生命还不曾走到尽头，任何事情就未必是"最"怎样的。所以，无论何时，我们都不要给自己设限，无论取得多大的成就，都要相信，最好的永远都在下一个地方，只有铆足了劲儿继续前进，才不会愧对人生。

很多时候，人生的路能走多远，并不是取决于你的能力或机遇，而是取决于你对自我的定位和对生活的认知。当你为自己取得的小小成功而沾沾自喜，迷失在一时的追捧之中时，哪怕你的身体里还藏着巨大的潜力，这些潜力也会因你脚步的停止而被埋葬。相反，若你的目光始终都看着未来，坚信自己能不断超越，那么你的人生就会有无限可能。

老卓是我舅舅家一个邻居的儿子。小时候我有时会去舅舅家过暑假，一来二去也就和他认识了。后来我们又做了几年同学，如今偶尔也会联系。

去年年底的时候，听说老卓跳槽去了一家小公司，大家都觉得很惊讶。因为老卓去的这家公司的规模远远比不上他原来所在的公司，而且该公司才成立没多久，前途如何尚未可知。老卓原先在的公司是个老牌企业，上级领导对他也还算重视，去年年初时他负责的一个项目做得不错，还获得了公司的嘉奖。

面对大家的担忧和不解，老卓却笑言，自己在老牌公司虽然看着发展还不错，但其实未来的晋升空间是非常有限的。作为一家发展已经非常成熟的企业，除非你碰到什么大机遇，否则很可能就是一直这么按部就班地走下去。如果选择这家新成立的小公司，近期看或许比不上从前，但从长远发展的角度来说，晋升空间会更大。而且，比起在一家已经发展成熟的企业做一名普通的打工者，老卓表示，自己更愿意做一个和公司共同成长、共同进步的开拓者。

后来，就如老卓所说，他加入那家公司后，成为公司里最有经验的员工，在专业方面更是比其他人要懂得多。深得老板器重的他直接坐上了总经理的位子，并迅速接手公司最重视的一个新项目。

现在，老卓已经在新公司站稳了脚跟，成为公司的股东之一。而且新公司也发展得非常好，被业内认为新兴企业中很有发展前途的一家公司。就如老卓所预期的那样，正和公司一起成长、进步，前途一片光明。

每个人对成功的定义都不一样，有的人觉得有车有房就意味着成功了，有的人觉得满墙贴着奖状就意味着成功了，有的人觉得夫妻恩爱、儿女双全就意味着成功了。不管你是如何定义成功的，你所做的一切事情必然都会朝着自己所预期的成功方向走去。换言之，我们所定义的成功，其实就是我们一直在努力，并可能最终活成的样子。

就像老卓，他之所以放弃了原本安安稳稳的工作，选择到一家新的公司去冒险，就是因为他还没有达成自己定义的成功。在他看来，进入一家大企业，得到一份稳定的工作，依然距离他所定义的成功还有一段距离，所以他肯去冒险、敢去冒险。但如果换一个人，他拥有老卓之前拥有的那一切的时候，就觉得自己已经很了不起了，对自己的现状也十分满意，那么他必然不会再去冒险，自然也就不可能像老卓那样迎来人生更进一步的突破了。

你想取得多大的成就，关键还在于你给自己定义的成功在哪里。你对成功的定义，从某种程度上来说，就是你为自己的人生所设置的上限。当达到这个上限的时候，你就会自觉地放缓生命的进程、放下进取的渴望。

那些真正能做成大事的人，都是从不为自己设限的人。因为在他们心中，真正的成功就是不断地超越，超越自己的昨天，超越自己曾经的辉煌，超越自己现已拥有的一切。

成功者的成功，永远都在下一个地方。无论站在多高的地方，拥有多少荣耀，他们也不会停止前行的步伐。也正因为如此，他们才能不断超越自我，将人生推上一个又一个新的高度。

如果你一直学习，
你想要的时间都会给你

这个世界从来不会亏欠一个努力的人。你想要的或许有时会来得迟一些，但绝对不会辜负你的努力。当然，前提是你确实足够努力。但如果你发现自己想要的东西始终无法得到，那么请相信，不是因为你运气不佳，而是因为你还不够努力。你需要做的，是继续努力，不断地学习。其他的，交给时间就好。

他出生于加拿大一个普通的农户家庭，从小就显得特别"笨"。

上幼儿园的时候，老师教小朋友们做手工，其他孩子一学就会，只有他怎么都学不会，哪怕老师手把手地教，他依然没什么进步。等上了小学之后，他的"笨"就更加明显了，明明上课认真听讲，课后也十分努力，可成绩却始终是"吊车尾"，怎么都上不去。也因为这样，他被同学们取了个绰号——笨笨。他很生气，想和大家理论，可他就连语言表达能力也有问题，根本敌不过众人的冷嘲热讽。无奈，伤心的他只能一个人窝在角落默默流泪。

虽然他很笨，但他的父母很爱他，从未想过要断绝他学习的路，一直在省吃俭用地供他上学。可随着课程越来越难，他越发感到力不从心，在这样的压力下，他变得越来越内向，性格也越来越沉闷。

父母很快就发现了他的异样，带他去看了心理医生。心理医生告诉他的父母，他的情商和智商并不存在太大问题，每个人都有自己的独到之处，有自己擅长做和不擅长做的事情，这很正常。他现在的情况主要是因为学习成绩不理想而导致的自卑，父母应当放开执念，不要过分地关注孩子的成绩，而是要引导他去发现自己的才能。

看完心理医生之后，回到家他便找父母进行了一次长谈，他表示自己已经不想再去上学了，因为他真的不是读书的料。他虽然不去上学，但是也并没有打算停止学习，只是想找一些自己更擅长的事情去做。

他居住的小镇不大，一时间也找不到什么像样的工作，唯一能做的就是帮别人家打理花园的活。但对于他来说，能找到这样的工作已经非常不错了。他虽然不大聪明，但做事相当认真，一有空闲时间就向有经验的园丁学习关于种植花花草草的知识。

或许是因为他做事认真细致，经他的手培育的花花草草，似乎总要比别人培育得好一些。而且他的雇主还惊奇地发现，在他的精心培育下，花园里多年不开的花居然开了，半死不活的树也焕发出了新的生机，一切就像是奇迹。

面对众人的赞许，他第一次露出了羞涩而满足的笑容。他第一次在某件事上被人认可，这种认可给予了他无限的动力，之后他更是将所有的时间与精力都用在了学习如何种植花草上面。

某一天，他路过镇政府的时候，突然注意到政府大楼的后面有一片荒地。他心中一动，主动找镇长自荐，希望镇长能把政府大楼后面的荒地交给他打理，他一定能收拾出一个美出天际的花园。

起初，镇长对他很不信任，毕竟他太年轻了。但在他一再恳求，并且许诺不要工钱的情况下，镇长只得点头，答应让他试一试。在镇长看来，那反正就是一块荒地，即使失败了也不会有什么损失。

数月之后，人们发现，那片杂草丛生的荒地，居然真的变成了一座美丽的小花园。各色的鲜花绚烂地绽放，吸引了无数的蝴蝶飞来飞去，那景象简直美极了！从那天开始，小镇上的人们都记住了这样一个年轻人。这个年轻人的事业也终于开始扬帆起航。

现在，他已经是加拿大某园艺公司最著名的总裁了，他的业务遍及加拿大每一处地方。虽然他的语言表达能力依旧没有多少进步，他也仍然搞不懂几何、代数，但他已经找到了真正属于自己的人生道路。而他曾经所付出的努力与那些日日夜夜的学习，也终于以另外的方式一点点回馈于他。

人与人之间或许会存在智商与天赋的差异，但没有一个人是生下来就很优秀的。即使是那些天赋过人、非常聪慧的人，也同样是从一张白纸开始，通过努力的学习和艰辛的付出，一点点在人生的白纸上写满优秀的。

我们不要总是去羡慕别人的成功，也不要总是哀叹自己时运不济。很多时候，你眼睛里看到的只是成功者光鲜亮丽的一面，却不知他们背后付出的努力。他们也曾在无数个日日夜夜挑灯夜读，他们也曾在失败与挫折中挣扎得鲜血淋漓。每一个人的成功都曾跨越过千山万水，而你，或许还走在路上。但只要你一直努力前行，那么终有一天，你想要的，时间都会给你。

这个世界总是充满了无数的可能，只要不放弃，坚持向着目标前行，我们就一定能够到达最后的终点。当你发现自己距离梦想还有一段距离时，别再抱怨了，赶紧行动起来，努力学习，让自己变成更好的自己吧。